SI組み立て単位：基本単位を組み合わせて，様々な組…

組み立てられた物理量	単位の名称	単位の記号	SI単位に…	
周波数	ヘルツ	Hz	s^{-1}	
力	ニュートン	N	$m\ kg\ s^{-2}$	force
圧力	パスカル	Pa	$m^{-1}\ kg\ s^{-2}\ (=N\ m^{-2})$	pressure, stress
エネルギー・仕事・熱量	ジュール	J	$m^2\ kg\ s^{-2}\ (=N\ m=Pa\ m^3)$	energy・work・heat
仕事率	ワット	W	$m^2\ kg\ s^{-3}\ (=J\ s^{-1})$	power
電荷	クーロン	C	$s\ A$	electric charge
電位・電圧・電位差	ボルト	V	$m^2\ kg\ s^{-3}\ A^{-1}\ (=J\ C^{-1}=W\ A^{-1})$	electric potential
静電容量	ファラド	F	$m^{-2}\ kg^{-1}\ s^4\ A^2\ (=C\ V^{-1})$	electric capacitance
電気抵抗	オーム	Ω	$m^2\ kg\ s^{-3}\ A^{-2}\ (=V\ A^{-1})$	electric resistance
コンダクタンス	ジーメンス	S	$m^{-2}\ kg^{-1}\ s^3\ A^2\ (=\Omega^{-1})$	electric conductance
モル濃度	M	M	$mol\ dm^{-3}$	molarity
セルシウス温度	セルシウス度	℃	K	Celsius temperature

いくつかの物理定数の値

物理量	記号	単位	数値	英語表現
アボガドロ定数	N_A	mol^{-1}	$6.022\ 140\ 76 \times 10^{23}$	Avogadro constant
セルシウス温度目盛りのゼロ点	$T(0℃)$	K	273.15	zero of Celsius scale
真空中の光速度	c_0	$m\ s^{-1}$	$299\ 792\ 458$	speed of light in vacuum
真空の誘電率	ε_0	$F\ m^{-1}$	$8\ 854\ 187\ 8128(13) \times 10^{-12}$	permittivity of vacuum
電気素量	e	C	$1.602\ 176\ 634 \times 10^{-19}$	elementary charge
プランク定数	h	J s	$6.626\ 070\ 15 \times 10^{-34}$	Planck constant
ファラデー定数	F	$C\ mol^{-1}$	$9.648\ 533\ 212 \times 10^4$	Faraday constant
気体定数	R	$J\ K^{-1}\ mol^{-1}$	$8.314\ 462\ 618$	gas constant
ボルツマン定数	κ	$J\ K^{-1}$	$1.380\ 649 \times 10^{-23}$	Boltzmann constant
水の三重点	$T_{tp}(H_2O)$	K	273.16	triple point of water

コンパクト分析化学

脇田久伸
横山拓史 編著
岡上吉広
神崎　亮
栗崎　敏
沼子千弥
白　淑琴 共著

三共出版

はじめに

　物質科学分野の研究において，機器を中心とした物理的分析の手法は不可欠であり，正確で精度良い分析を行うことが要請される．また，元素の種類と濃度に加えてどのような化学状態で含まれるかを明らかにすることも要請されることがある．微量レベルではあるが化学形態により毒性や生物活性が大きく異なる物質が存在するからである．おそらく21世紀の分析化学の目標の1つは，微量定量状態分析であろう．

　そのような急速な機器分析技術の発展と社会的要請が背景にある中で，21世紀の大学における分析化学教育について，とりわけ学士課程における分析化学教育のカリキュラムを，どのようにすべきかを再考する時期にきているといわれている．学問としての分析化学は，正確で高精度である分析を行うための基礎化学と，現代の主役である機器分析の原理と応用から構成されると考えられる．前者は，正確さを支える機器分析に不可欠な標準物質あるいは標準溶液とそれを支える化学平衡論，分析誤差，有効数字と分析値の意味を扱う推計学，分離などが含まれ，後者では機器で何を測定し，それをどのような化学情報に変換するかという内容であろう．最近の動向としては大学学士課程でこれだけの内容を2単位をくくりとして教えることになろう．

　本書は，脇田が理工系学士課程で初めて分析化学を学ぶ学生を対象に計画し，執筆を各著者にお願いしたものである．機器分析を学ぶための基礎として，正確な分析を支える基礎化学を精選し，半期用テキストとして使っていただけることを意識して編集した．内容としては前述したように，機器分析を支える標準物質と標準溶液の調製に必要な基礎化学（化学平衡と溶液化学，分析誤差と分析値の意味，分離機構と状態分析）のみに絞り，物理分析の内容は含んでいない．また，高校での化学との橋渡しとして第1章に「金属イオンの沈

殿・分離と定性分析」を配置した。砂上の楼閣にならないように，低年次で分析化学の見方・考え方を確実に修得させることが大学教育としての使命であると考えているからである。勉強の到達目標の指標として，各章の終りに演習問題を配置した。このテキストを終えて基礎を理解した後，『入門機器分析化学』を読むことをお勧めしたい。基礎を学ぶテキストであるので，疲れたときの息抜きにと各章に読み物的な自然科学に関するトピックスを挿入した。できるだけ柔らかく，かつ興味をもっていただけるように書いたつもりである。とくに，そのような自然に関する問題に分析化学としてどのようにアプローチできるであろうかと思いを巡らせていただければ幸いである。

本書の構成と利用法

本書を分析化学のテキストとして用いる場合，講義内容としては第1章～第5章である。必要に応じて第6章，第7章の内容を講義に取り上げていただければ良いと考えています。計算をともなう課題については例題として示している。例題を参考にして演習問題で理解が深まるように構成したつもりである。第1章を講義に含めるかどうかは考え方により異なるだろう。本書では第1章は高校の化学との橋渡しの役割をもつと位置づけている。第1章で取り上げている化学反応の多くは高校の教科書に掲載されている。ここでは，そのなじみ深い反応を定量的に取り扱う入口になると考えている。

本テキストが計画されてから長い年月が流れた。この間粘り強く我々を叱咤激励していただいた三共出版の故石山氏に感謝申し上げます。石山氏およびそれを引き継がれた秀島氏の強い励ましがなければ本書は誕生しなかったと思われる。

平成25年1月10日
脇田　久伸
横山　拓史

目　次

第1章　定性分析

1.1　定性分析とは ……………………………………………………… 1
1.2　化学反応を利用する金属イオンの定性分析 …………………… 1
1.3　金属イオンの系統分離分析の基礎理論：溶解度積と沈殿生成 …… 3
1.4　沈殿生成と分離 …………………………………………………… 4
　1.4.1　塩化銀の生成 ………………………………………………… 4
　1.4.2　塩化銀の溶解 ………………………………………………… 5
　1.4.3　溶解度差による $AgCl$ と $PbCl_2$ の分離 ………………… 6
　1.4.4　硫化物の沈殿 ………………………………………………… 7
　1.4.5　溶解度差による CuS と CoS の分離 …………………… 8
　1.4.6　水酸化物の沈殿 ……………………………………………… 9
　1.4.7　沈殿の再溶解 ………………………………………………… 11
　1.4.8　色の変化を伴う反応 ………………………………………… 13
　1.4.9　古典的な確認反応 …………………………………………… 14
1.5　最先端機器による定性分析 ……………………………………… 16
　1.5.1　蛍光X線分析 ………………………………………………… 16
　1.5.2　ICP発光分析 ………………………………………………… 18
　1.5.3　ICP質量分析 ………………………………………………… 18
演習問題 …………………………………………………………………… 19

第2章　定量分析と標準物質

2.1　質量測定 …………………………………………………………… 22
2.2　重量分析 …………………………………………………………… 23

2.2.1　硫酸イオンの定量 …………………………………………… 23
　2.2.2　鉄イオンの定量 ……………………………………………… 24
　2.2.3　その他の重量分析の例 ……………………………………… 24
2.3　容量分析と標準物質 ……………………………………………… 24
2.4　分析化学における純水 …………………………………………… 26
　2.4.1　蒸　留　水 …………………………………………………… 26
　2.4.2　イオン交換水 ………………………………………………… 28
　2.4.3　超　純　水 …………………………………………………… 29
演習問題 ………………………………………………………………… 29

第3章　容量分析

3.1　容量分析とは ……………………………………………………… 32
3.2　酸・塩基滴定と酸・塩基平衡 …………………………………… 33
　3.2.1　酸と塩基の定義 ……………………………………………… 33
　3.2.2　水のイオン積とpH …………………………………………… 34
　3.2.3　強酸，弱酸と強塩基，弱塩基 ……………………………… 35
　3.2.4　緩衝溶液 ……………………………………………………… 36
　3.2.5　酸・塩基滴定曲線 …………………………………………… 38
　3.2.6　終点の決定法 ………………………………………………… 41
　3.2.7　多塩基酸の酸・塩基平衡と滴定 …………………………… 42
　3.2.8　酸・塩基化学種の分布のpH依存性 ………………………… 44
3.3　沈殿平衡と沈殿滴定 ……………………………………………… 46
　3.3.1　溶解度と溶解度積 …………………………………………… 46
　3.3.2　共通イオン効果 ……………………………………………… 48
　3.3.3　沈殿滴定曲線 ………………………………………………… 48
　3.3.4　硝酸銀標準溶液の調製 ……………………………………… 49
　3.3.5　沈殿滴定における終点決定 ………………………………… 49
3.4　酸化還元平衡と酸化還元滴定 …………………………………… 50
　3.4.1　酸化還元反応 ………………………………………………… 50
　3.4.2　半　電　池 …………………………………………………… 50

3.4.3	化学電池（ガルバニセル）	51
3.4.4	ネルンストの式	52
3.4.5	酸化還元電位	54
3.4.6	酸化還元滴定曲線	55
3.4.7	酸化還元滴定における当量点決定法	56
3.4.8	酸化還元滴定の応用	57
3.5	キレート滴定と錯生成平衡	58
3.5.1	キレート試薬	58
3.5.2	錯生成平衡	59
3.5.3	キレート滴定における標準溶液	62
3.5.4	キレート滴定曲線	63
3.5.5	金属指示薬による終点決定	63
3.5.6	キレート滴定による水の硬度の決定	65
演習問題		66

第4章　定量分析データの取り扱い方とデータのもつ意味

4.1	正確さと精度	69
4.2	偶然誤差と系統誤差	72
4.3	繰り返し測定で得られた有限個の測定値の意味	72
4.4	統計量の定義と計算	73
4.4.1	平均値	73
4.4.2	偏差平方和と分散	74
4.4.3	不偏分散	74
4.4.4	標準偏差と変動係数	74
4.4.5	範囲	75
4.5	棄却検定	75
4.6	母平均の信頼限界	76
演習問題		77

第5章　分離分析

- 5.1　分離分析の必要性 …………………………………… 80
- 5.2　溶媒抽出 ……………………………………………… 80
    - 5.2.1　分配係数 ………………………………………… 81
    - 5.2.2　分配比と抽出率 ………………………………… 81
    - 5.2.3　金属イオンの抽出 ……………………………… 82
    - 5.2.4　溶媒抽出による金属イオン相互分離 ………… 85
    - 5.2.5　協同効果 ………………………………………… 85
    - 5.2.6　イオン対抽出 …………………………………… 86
- 5.3　イオン交換クロマトグラフィー …………………… 87
    - 5.3.1　イオン交換反応の発見 ………………………… 87
    - 5.3.2　イオン交換平衡 ………………………………… 87
    - 5.3.3　陽イオン交換カラムクロマトグラフィー …… 88
- 5.4　分配クロマトグラフィー …………………………… 89
- 5.5　分子ふるいクロマトグラフィー …………………… 90
- 演習問題 …………………………………………………… 92

第6章　分析化学における化学平衡（化学反応と化学量論）

- 6.1　化学反応と平衡定数 ………………………………… 94
- 6.2　電解質溶液 …………………………………………… 95
- 6.3　塩の加水分解 ………………………………………… 96
- 6.4　活量と活量係数 ……………………………………… 97
- 演習問題 …………………………………………………… 101

第7章　pHの測定と原理

- 7.1　pHの定義 …………………………………………… 105
- 7.2　ガラス膜電位 ………………………………………… 106
- 7.3　pH測定の原理 ……………………………………… 107
- 7.4　実際の水素イオン活量の測定 ……………………… 108

7.5 ガラス電極の電位 ………………………………………… 108
7.6 参照電極の電位 ………………………………………… 110
7.7 pH 電極の校正 ………………………………………… 110
7.8 pH 標準溶液 …………………………………………… 111
7.9 最新の pH メーター …………………………………… 112
　7.9.1 ガラス電極 …………………………………… 112
　7.9.2 標準電極 ……………………………………… 112
　7.9.3 複合電極 ……………………………………… 113
　7.9.4 エレクトロメータ …………………………… 113
演習問題 ……………………………………………………… 114

本書で取り扱う主な化合物の化学式と名称 ……………… 118
参考文献 ……………………………………………………… 121
演習問題の解答例 …………………………………………… 123

索　引 ………………………………………………………… 133
英和索引 ……………………………………………………… 135

コラム

コラム1　自然界における沈殿物：マンガンノジュールと砂漠のバラ … 20
コラム2　単位について：質量と長さと時間の物差し …………… 29
コラム3　滴定で海を作る ……………………………………… 67
コラム4　元素の化学状態と毒性 ……………………………… 78
コラム5　分離分析化学とリサイクル化学 …………………… 92
コラム6　水溶液化学の始まり：地球における水の起源・生命の起源 … 102
コラム7　pHと健康：アルカリ食品と酸性食品 …………… 114

第1章 定性分析

1.1 定性分析とは

　ここに未知の試料があるとしよう。たとえば，"はやぶさ"が持ち帰った衛星の塵などの貴重な試料などを想定してみる。この試料の主成分，微量成分の濃度を知りたい，可能であれば各成分の化学状態も知りたい。どのような手段で化学分析を行うかを計画する場合，濃度を測定する前にどのような元素がおよそどれくらい含まれているかを知る必要がある。これを**定性分析**という。ここでは，定性分析の例として古典的な金属イオンの系統分離分析，および簡単であるが最新の機器による方法について述べる。

1.2 化学反応を利用する金属イオンの定性分析

　金属イオンの定性分析では，分析試料を溶液にして取り扱う。もし試料が固体であれば，酸やアルカリで分解し，水溶液にする。この試料溶液には多くの金属イオンが含まれている。もしも，個々の金属イオンに対してのみ選択的に起こり，かつ目に見える変化を伴う化学変化が存在するならば存在する金属イオンを分離することなく，定性分析が可能である。しかしながら，そのような反応が存在することはほとんどなく，特定の金属イオンに対して選択的に起こると言われる反応でも，周期表上の同族元素や同周期の隣接元素と反応する場合が多い。したがって実際の分析では，多種存在する金属イオンに適当な試薬を用いて**沈殿**させ，数種の金属イオンを含むグループに**分離**する。この操作を**分族**といい，用いられる試薬を**分族試薬**という。分族試薬を用いて分離した一群の沈殿を再溶解させ，沈殿と分離操作によりいくつかの小グループに分け，

各グループをさらに沈殿生成反応を利用して個々の金属イオンに分離する。最後に，個々の金属イオンに対して選択性の高い試薬を用いて確認反応を行い，金属イオンの**同定**を行う。

図1.1に24種の金属イオンの分族を示す系統図を示す。表1.1に分族試薬と対応する沈殿物を示す。沈殿反応として，**塩化物**，酸性条件での**硫化物**，塩基性条件での硫化物，**炭酸塩**，および沈殿を生成しない5つのグループに分類されている。

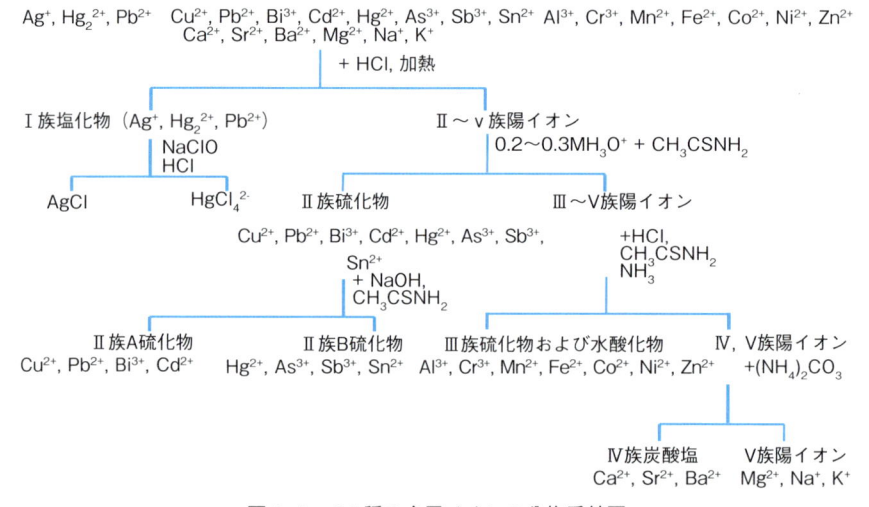

```
Ag⁺, Hg₂²⁺, Pb²⁺   Cu²⁺, Pb²⁺, Bi³⁺, Cd²⁺, Hg²⁺, As³⁺, Sb³⁺, Sn²⁺  Al³⁺, Cr³⁺, Mn²⁺, Fe²⁺, Co²⁺, Ni²⁺, Zn²⁺
                   Ca²⁺, Sr²⁺, Ba²⁺, Mg²⁺, Na⁺, K⁺
                            + HCl, 加熱

    I族塩化物(Ag⁺, Hg₂²⁺, Pb²⁺)          II～V族陽イオン
                    NaClO                     0.2～0.3M H₃O⁺ + CH₃CSNH₂
                    HCl
        AgCl        HgCl₄²⁻       II族硫化物              III～V族陽イオン
                              Cu²⁺, Pb²⁺, Bi³⁺, Cd²⁺, Hg²⁺, As³⁺, Sb³⁺,
                              Sn²⁺                      +HCl,
                              + NaOH,                   CH₃CSNH₂
                              CH₃CSNH₂                  NH₃

        II族A硫化物            II族B硫化物         III族硫化物および水酸化物      IV, V族陽イオン
    Cu²⁺, Pb²⁺, Bi³⁺, Cd²⁺   Hg²⁺, As³⁺, Sb³⁺, Sn²⁺   Al³⁺, Cr³⁺, Mn²⁺, Fe²⁺, Co²⁺, Ni²⁺, Zn²⁺   +(NH₄)₂CO₃

                                                        IV族炭酸塩      V族陽イオン
                                                       Ca²⁺, Sr²⁺, Ba²⁺   Mg²⁺, Na⁺, K⁺
```

図1.1 24種の金属イオンの分族系統図

表1.1 主な金属イオンの分族試薬と沈殿

族	分族試薬	金属イオン	生成する沈殿
I	HCl	Ag^+, Hg_2^{2+}, Pb^{2+}	$AgCl$（白），Hg_2Cl_2（白），$PbCl_2$（白）
II	H_2S：酸性	Cu^{2+}, Pb^{2+}, Bi^{3+}, Cd^{2+}, Hg^{2+}, As^{3+}, Sb^{3+}, Sn^{2+}	CuS（黒），PbS（黒），Bi_2S_3（黒褐），CdS（黄），HgS（黒），As_2S_3（黄），Sb_2S_3（橙），SnS（褐）
III	H_2S：塩基性	Al^{3+}, Cr^{3+}, Mn^{2+}, Fe^{2+}, Co^{2+}, Ni^{2+}, Zn^{2+}	$Al(OH)_3$（白），$Cr(OH)_3$（緑），MnS（淡桃），FeS（黒），CoS（黒），NiS（黒），ZnS（白）
IV	$(NH_4)_2CO_3$	Ca^{2+}, Sr^{2+}, Ba^{2+}	$CaCO_3$（白），$SrCO_3$（白），$BaCO_3$（白）
V	なし	Mg^{2+}, Na^+, K^+	

1.3 金属イオンの系統分離分析の基礎理論：溶解度積と沈殿生成

沈殿を生じるのは，生成した物質の**溶解度**が小さいためである。イオン結合性の物質では，一般に金属イオンおよび陰イオンのイオン半径が共に小さくかつ電荷が大きいほど結合が強くなり（格子エネルギーが大きい），難溶性になると予測される。難溶性の塩 M_mA_n を水に溶かした時，解離して生じた金属イオン濃度［M^{n+}］と陰イオン濃度［A^{m-}］から，次の解離定数が導かれる。なお，［ ］はモル濃度（mol dm^{-3}）を示す。

$$M_mA_n（固体） \rightleftarrows mM^{n+} + nA^{m-} \qquad (1-1)$$

式（1-1）の溶解平衡反応式から解離定数 K は次のように表される。

$$K = \frac{[M^{n+}]^m[A^{m-}]^n}{[M_mA_n（固体）]} \qquad (1-2)$$

ここで，M_mA_n が固体であるので，［M_mA_n（固体）］は一定とみなすことができ（第3章 沈殿滴定を参考），式（1-2）は次のように書ける。

$$K_{sp} = [M^{n+}]^m[A^{m-}]^n \qquad (1-3)$$

この平衡定数 K_{sp}（solubility product）は**溶解度積**と呼ばれ，小さいほど難溶性であることを意味する。ただし，第3章の沈殿滴定で述べているように，溶解度積が小さくても溶解度が小さいとは限らない。また，K_{sp} は物質に固有の値であり，温度が一定であれば一定である。主な難溶性塩の溶解度積を表1.2に示す。

K_{sp} は沈殿の生成および溶解を定量的に理解する上で重要な定数であり，溶液を混合した時に沈殿が生成するかどうかを判断する目安として用いられる。溶液中のイオンの濃度の**イオン積**と溶解度積との関係は次の3つの場合が考えられる。

（1）［M^{n+}］^{m}［A^{m-}］^{n} = K_{sp}：金属イオンと陰イオンの濃度積が溶解度積と等しい。沈殿は生成しないし，沈殿があっても溶解しない。

(2) $[M^{n+}]^m[A^{m-}]^n < K_{sp}$：金属イオンと陰イオンの濃度積よりも溶解度積が大きい。沈殿は生成しない。沈殿があるとイオンの濃度積が K_{sp} に等しくなるまで沈殿が溶解する。

(3) $[M^{n+}]^m[A^{m-}]^n > K_{sp}$：金属イオンと陰イオンの濃度積よりも溶解度積が小さい。イオンの濃度積が溶解度積に等しくなるまで沈殿が生成する。

表1.2　主な難溶性塩の溶解度積（18～25℃）

化合物	K_{sp}	化合物	K_{sp}	化合物	K_{sp}
AgCl	8.2×10^{-11}	CdS	2×10^{-28}	$Ni(OH)_2$	6.5×10^{-18}
AgBr	5.2×10^{-13}	$Co(OH)_3$	3×10^{-41}	α-NiS	3×10^{-19}
AgI	8.3×10^{-17}	α-CoS	4×10^{-21}	$PbCl_2$	1.6×10^{-5}
Ag_2S	6×10^{-50}	$Cr(OH)_3$	6×10^{-31}	$PbCrO_4$	1.8×10^{-14}
Ag_2CrO_4	1.1×10^{-12}	CuS	6×10^{-36}	PbS	1×10^{-28}
$Al(OH)_3$	2×10^{-32}	$Fe(OH)_3$	7.1×10^{-40}	$PbSO_4$	1.6×10^{-8}
$BaCO_3$	5.1×10^{-9}	FeS	6×10^{-18}	$Sn(OH)_2$	8×10^{-29}
$BaSO_4$	1.3×10^{-10}	Hg_2Cl_2	1×10^{-17}	SnS	1×10^{-25}
BiOCl	7×10^{-9}	HgS	4×10^{-53}	$Sr(OH)_2$	9×10^{-4}
Bi_2S_3	1×10^{-97}	$Mg(OH)_2$	1.8×10^{-11}	$SrCO_3$	1.1×10^{-10}
$Ca(OH)_2$	5.5×10^{-6}	$MgCO_3 \cdot 3H_2O$	1×10^{-5}	$SrSO_4$	3.2×10^{-7}
$CaCO_3$	4.8×10^{-9}	$Mn(OH)_2$	1.9×10^{-13}	$Zn(OH)_2$	1.2×10^{-17}
$CaSO_4$	1.2×10^{-6}	MnS（無定形）	3×10^{-10}	α-ZnS	2×10^{-24}

（日本化学会編，『化学便覧基礎編II　改訂2版』，丸善（1975）より抜粋）

1.4　沈殿生成と分離

1.4.1　塩化銀の生成

$0.1\ \mathrm{mol\ dm^{-3}}$ の硝酸銀溶液に同体積で同濃度の塩酸を加えると，塩化銀が沈殿する。

$$\text{反応式：} AgNO_3 + HCl \rightleftharpoons AgCl\downarrow + HNO_3$$

$$\text{沈殿平衡：} Ag^+ + Cl^- \rightleftharpoons AgCl\downarrow$$

$$\text{溶解度積}\quad K_{sp} = [Ag^+][Cl^-] = 8.2 \times 10^{-11}\ (\mathrm{mol\ dm^{-3}})^2$$

溶液中の［Ag^+］と［Cl^-］は等しいので

$$K_{sp, AgCl} = [Ag^+][Cl^-] = [Ag^+]^2 = 8.2 \times 10^{-11}$$

$$[Ag^+] = 9.1 \times 10^{-6} \, mol \, dm^{-3}$$

すなわち，溶液中に Ag^+ はほとんど残らず，最初の Ag^+ の 99.99 % が AgCl として沈殿する。

1.4.2 塩化銀の溶解

固体の AgCl が純水に対して難溶性であることを確認してみよう。

例題 1-1

0.1 mol（14.3 g）の AgCl を純水に溶解させ，溶解平衡に達した時の溶液中の Ag^+ の濃度を計算せよ。

解

$$AgCl \, (固体) \rightleftarrows Ag^+ + Cl^-$$

純水に溶解するので，［Ag^+］＝［Cl^-］であるので

$$K_{sp} = [Ag^+][Cl^-] = [Ag^+]^2 = 8.2 \times 10^{-11}$$

$$[Ag^+] = 9.1 \times 10^{-6} \, mol \, dm^{-3}$$

すなわち，0.1 mol の AgCl は純水に $9.1 \times 10^{-6} \, mol \, dm^{-3}$ しか溶解しない。AgCl を塩酸などの塩化物イオンの濃度が高い溶液に入れると［$AgCl_2$］$^-$ 錯イオンが生成し，著しく溶解する。

1.4.3 溶解度差による AgCl と PbCl$_2$ の分離

難溶性塩化物の生成を利用した Ag^+ と Pb^{2+} 分離の可能性について考えてみよう。

例題 1-2

0.01 mol dm^{-3} 塩酸中の濃度が 0.1 mol dm^{-3} の Ag^+ と Pb^{2+} を分離できるかどうかを考察せよ。

解

$$K_{sp,\,AgCl} = [Ag^+][Cl^-] = 8.2 \times 10^{-11} (\text{mol dm}^{-3})^2$$

$$K_{sp,\,PbCl_2} = [Pb^{2+}][Cl^-]^2 = 1.6 \times 10^{-5} (\text{mol dm}^{-3})^3$$

$[Cl^-] = 0.01$ mol dm^{-3} の場合の $[Ag^+]$ と $[Cl^-]$ は次のように表される。

$$[Ag^+] = \frac{K_{sp,\,AgCl}}{[Cl^-]} = 8.2 \times 10^{-9} \ (\text{mol dm}^{-3})$$

$$[Pb^{2+}] = \frac{K_{sp,\,PbCl_2}}{[Cl^-]^2} = 1.6 \times 10^{-1} \ (\text{mol dm}^{-3})$$

すなわち，Ag^+ は 99.99999 % が AgCl として沈殿するが，Pb^{2+} は沈殿しない。また，表 1.3 に示すように PbCl$_2$ の溶解度は AgCl や Hg$_2$Cl$_2$ の溶解度と比べるとかなり大きいので，加熱により PbCl$_2$ を溶解させ，Ag^+, Hg_2^{2+} と Pb^{2+} をろ過により分離することができる。表 1.1 に示すように，塩化物として沈殿する Ag^+, Hg_2^{2+}, Pb^{2+} を I 族イオンに分類する。

表 1.3 AgCl, Hg$_2$Cl$_2$, PbCl$_2$ の水に対する溶解度の温度依存性

温度（℃）	0	10	20	25	40	60	80	100
AgCl の溶解度 [a] (× 10^{-4})	0.70	1.05	1.55	1.93	3.6	-	-	21
Hg$_2$Cl$_2$ の溶解度 [b] (× 10^{-4})	1.4	1.65	2.35	2.95	6.0	-	-	-
PbCl$_2$ の溶解度 [b]	0.67	0.80	0.97	1.07	1.40	1.92	2.56	3.23

(日本化学会編，『化学便覧基礎編 II 改訂 5 版』，丸善 (2004) より抜粋.)
[a] 飽和溶液 100 cm^3 中の質量 (g)，[b] 飽和溶液 100 g 中の質量 (g)

1.4.4 硫化物の沈殿

表1.2に示したように，2価金属イオン M^{2+} の硫化物 MS の溶解度積は，金属イオンによって異なっており，酸性条件で沈殿するⅡ族とアルカリ性条件で沈殿するⅢ族に分類される。pHの違いにより S^{2-} イオン濃度が異なるために，多くの金属イオンの中から Hg^{2+}，Cu^{2+}，Bi^{3+}，Cd^{2+} などのⅡ族の金属イオンのみを硫化物の沈殿として他の金属イオンからろ過により分離することができる。

S^{2-} イオン濃度の調節には，H_2S が弱酸であることを利用する。溶液中の H_2S について，次の2段階の平衡反応がある。K_1 と K_2 は H_2S の第1および第2**解離定数**である。

$$H_2S \rightleftarrows H^+ + HS^-$$

$$K_1 = \frac{[H^+][HS^-]}{[H_2S]} = 1.1 \times 10^{-7} \,\text{mol dm}^{-3} \quad (1-4)$$

$$HS^- \rightleftarrows H^+ + S^{2-}$$

$$K_2 = \frac{[H^+][S^{2-}]}{[HS^-]} = 1.0 \times 10^{-15} \,\text{mol dm}^{-3} \quad (1-5)$$

式（1-4）と式（1-5）から次の式（1-6）が導かれる。

$$\frac{[H^+]^2[S^{2-}]}{[H_2S]} = 1.1 \times 10^{-22} (\text{mol dm}^{-3})^2$$

$$[S^{2-}] = \frac{[H_2S]}{[H^+]^2} \times 1.1 \times 10^{-22} \quad (1-6)$$

25℃で水に H_2S を飽和させると，溶存する H_2S の濃度 $[H_2S]$ は約 0.1 mol dm^{-3} に保たれるため

$$[S^{2-}] = \frac{1.1 \times 10^{-23}}{[H^+]^2} \qquad (1-7)$$

となる。式(1-7)は溶液中の $[S^{2-}]$ が $[H^+]$ の2乗に反比例して大きく変化することを示している。すなわち，$[H^+]$ のわずかな増加で $[S^{2-}]$ を著しく低下する。

1.4.5 溶解度差による CuS と CoS の分離

硫化物 MS の沈殿が生成する条件は，$[M^{2+}][S^{2-}] > K_{\text{sp, MS}}$ であり，$[S^{2-}]$ が一定であれば溶解度積が小さい金属イオンほど沈殿を生成しやすい。

例題 1-3

0.01 mol dm^{-3} の Cu^{2+} と Co^{2+} を含む 0.3 mol dm^{-3} の塩酸溶液に H_2S を飽和させた時，Cu^{2+} と Co^{2+} は沈殿するかどうかを考察せよ。

解

強酸性であるので，H_2S から解離して生じる H^+ の濃度は無視できるので

$$[S^{2-}] = \frac{1.1 \times 10^{-23}}{[H^+]^2} = \frac{1.1 \times 10^{-23}}{0.3^2} = 1.2 \times 10^{-22} \text{ mol dm}^{-3}$$

$$[Cu^{2+}][S^{2-}] = 10^{-2} \times (1.2 \times 10^{-22}) = 1.2 \times 10^{-24} > K_{\text{sp, CuS}}$$

$$= 6 \times 10^{-36}$$

$$[Co^{2+}][S^{2-}] = 10^{-2} \times (1.2 \times 10^{-22}) = 1.2 \times 10^{-24} < K_{\text{sp, CoS}}$$

$$= 4 \times 10^{-21}$$

したがって，0.3 mol dm^{-3} の塩酸中では CuS は沈殿するが，CoS は沈殿しない。

例題 1−4

pH 8 の 0.01 mol dm^{-3} Cu^{2+}と Co^{2+} 溶液に H$_2$S を飽和させた時，Cu^{2+} と Co^{2+} が沈殿するかどうか，考察せよ。

[解]

$$[S^{2-}] = \frac{1.1 \times 10^{-23}}{[H^+]^2} = \frac{1.1 \times 10^{-23}}{(10^{-8})^2} = 1.1 \times 10^{-7} \text{ mol dm}^{-3}$$

$$[Cu^{2+}][S^{2-}] = 1.1 \times 10^{-9} > K_{sp, CuS} = 6 \times 10^{-36}$$

$$[Co^{2+}][S^{2-}] = 1.1 \times 10^{-9} > K_{sp, CoS} = 4 \times 10^{-21}$$

したがって，pH 8 では CuS も CoS も共に沈殿する。

Cu^{2+} を酸性で CuS として沈殿させ、Co^{2+} と分離する。そして塩基性にして CoS を沈殿させる。

1.4.6 水酸化物の沈殿

金属イオンを**水酸化物**として完全に沈殿させるためには，金属イオンの残存濃度が十分に小さくなるように水酸化物イオン濃度［OH$^-$］を十分に大きくする必要がある。

例題 1−5

水酸化アルミニウムの溶解平衡は次のように表せる。pH 4 と pH 5 における水酸化アルミニウムの沈殿生成について考察せよ。

[解]

$$Al(OH)_3 \rightleftarrows Al^{3+} + 3\,OH^-$$

$$K_{\text{sp, Al(OH)}_3} = [\text{Al}^{3+}][\text{OH}^-]^3 = 2 \times 10^{-32} (\text{mol dm}^{-3})^4$$

Al^{3+}濃度が0.1 mol dm^{-3}の溶液のpHを4に調整した場合，Al(OH)_3の沈殿が生成する。溶液中の[Al^{3+}]は

$$[\text{Al}^{3+}] = \frac{2 \times 10^{-32}}{(10^{-10})^3} = 2 \times 10^{-2} \text{mol dm}^{-3}$$

となり，Al^{3+}は完全には沈殿しない。pH 5では溶液中の[Al^{3+}]は

$$[\text{Al}^{3+}] = \frac{2 \times 10^{-32}}{(10^{-9})^3} = 2 \times 10^{-5} \text{mol dm}^{-3}$$

となり，Al^{3+}はほとんど完全に水酸化物として沈殿したと見なすことができる。

水酸化アルミニウムは両性水酸化物であるので，[OH^-]が増加してpH 7以上になると，次のようにテトラヒドロキソアルミニウム(Ⅲ)酸イオンとなり溶解する。水酸化アルミニウムのpHに対する溶解度曲線を図1.2に示す。

$$\text{Al(OH)}_3 + \text{OH}^- \rightleftharpoons [\text{Al(OH)}_4]^- \qquad K = \frac{[\text{Al(OH)}_4]^-}{[\text{OH}^-]} = 10^{1.3}$$

$$[\text{Al(OH)}_4]^- = \frac{10^{1.3} K_W}{[\text{H}^+]} \qquad \text{たとえば、pH=10 の時の Al の濃度は}$$

$$[\text{Al(OH)}_4]^- = \frac{10^{-12.7}}{10^{-10}} = 10^{-2.7}$$

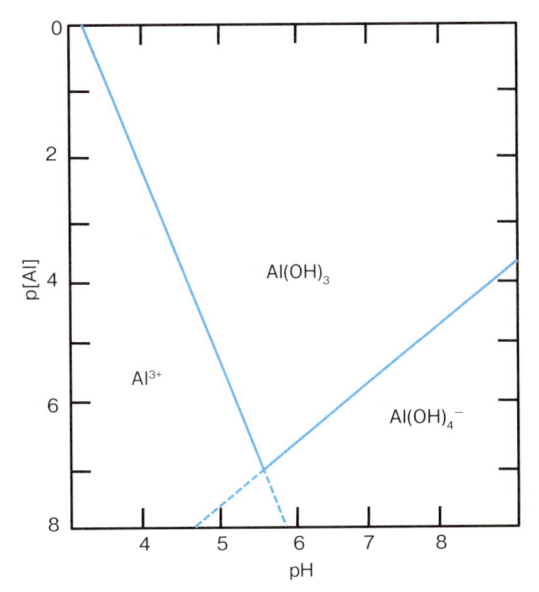

図1.2 水酸化アルミニウムの溶解度とpHとの関係

1.4.7 沈殿の再溶解

定性分析では,分族試薬を用いて個々の金属イオンの沈殿を分離後,確認反応を行うために再溶解を行う。**難溶性塩**の**飽和溶液**では次のような平衡が成立っている。

$$\text{MA（固体）} \rightleftarrows M^+ + A^- \qquad (1-8)$$

沈殿を溶解するには,金属イオンM^+または陰イオンA^-のどちらかのイオン濃度を減少させて平衡を右に移動させ,最終的に両イオンの濃度積が溶解度積の値よりも小さくなることが必要である。その溶解にはいくつかの代表的な反応を用いる。

(1) 陰イオンを溶解度の小さい気体として反応系外に追い出す。

例えば,ZnSのHClによる溶解がそうである。

$$\text{ZnS} \rightleftarrows Zn^{2+} + S^{2-} \qquad (1-9)$$

$$S^{2-} + 2H^+ \rightleftarrows H_2S\uparrow \qquad (1-10)$$

反応式（1-10）に示すように，ZnS の解離により生じる S^{2-} の濃度は小さいけれども，酸性溶液中では H^+ と反応して生成する H_2S が酸性溶液に溶けにくいことから系外へ追い出されるために平衡が右へ移動する。

(2) **酸化還元反応**により陰イオンを固体として反応系外に追い出す。

例えば，PbS の HNO_3 による溶解がある。

$$3PbS + 2NO_3^- + 8H_3O^+ \rightleftarrows 3Pb^{2+} + 3S\downarrow + 2NO + 12H_2O$$

HNO_3 は，S^{2-} を S（固体状硫黄）に酸化して系外へ追い出すことができるので平衡が右へ移動する。硫黄の酸化と平行して窒素が還元されている。

(3) 水酸化物を酸で溶解する。

例えば，$Fe(OH)_3$ の HNO_3 による溶解がある。

$$Fe(OH)_3 + 3HNO_3 \rightleftarrows Fe^{3+} + 3NO_3^- + 3H_2O$$

沈殿の解離によってわずかに解離している水酸化物イオンがプロトンにより中和され，水を生成することにより溶解する。

(4) 錯体生成による沈殿の溶解

例えば，$Cu(OH)_2$ や CoS に過剰のアンモニアを加えると溶解する。

$$Cu(OH)_2 + 4NH_3 \rightleftarrows [Cu(NH_3)_4]^{2+} + 2OH^-$$

$$CoS + 6NH_3 \rightleftarrows [Co(NH_3)_6]^{2+} + S^{2-}$$

これは，Cu^{2+} や Co^{2+} のアンミン錯体が安定であるために配位子置換反応により溶解する。

例題 1-7

水酸化物の沈殿生成を利用して，3価金属イオン（Al^{3+}, Fe^{3+}, Cr^{3+}）と2価金属イオン（Ni^{2+}, Co^{2+}, Zn^{2+}）を分離できることを示せ。

> **解**
>
> 水酸化ニッケル $Ni(OH)_2$ の $K_{sp, Ni(OH)_2} = 6.5 \times 10^{-18}$ であるので pH 9 では
>
> $$[Ni^{2+}] = \frac{6.5 \times 10^{-18}}{(10^{-5})^2} = 6.5 \times 10^{-8} \text{mol dm}^{-3}$$
>
> となり，計算上水酸化ニッケルは沈殿する。一方，Ni^{2+}，Co^{2+}，Zn^{2+} のアンミン錯体は安定であるために，pH 9 に調整するのに NH_3-NH_4Cl 緩衝溶液を使用すると $[Ni(NH_3)_6]^{2+}$，$[Co(NH_3)_6]^{2+}$，$[Zn(NH_3)_6]^{2+}$ を形成し，水酸化ニッケルは沈殿しない。Al^{3+}，Fe^{3+}，Cr^{3+} は，アンミン錯体を形成せず、pH 9 では水酸化物として沈殿するのでろ過により Ni^{2+}，Co^{2+}，Zn^{2+} と分離できる。

1.4.8 色の変化を伴う反応

化学反応において色の変化の観察は反応の進行を確認できる重要な手段であり，分離後の確認反応にも利用される。例えば，**アクア錯体**が他の錯体に変化した時，色調や色の濃さの変化が見られる。また，酸化還元反応においても色の変化を伴うことがある。

$$Cu[(H_2O)_4]^{2+} + 4NH_3 \rightleftarrows [Cu(NH_3)_4]^{2+} + 4H_2O \quad \textbf{(配位子置換反応)}$$
　　(青色)　　　　　　　　　(濃青色)

$$[Fe(H_2O)_6]^{3+} + n SCN^- \rightleftarrows [Fe(SCN)_n(H_2O)_{6-n}]^{(3-n)+} + nH_2O \quad \textbf{(配位子置換反応)}$$
　　(黄色)　　　　　　　　　　　　(濃血赤色)

$$[Fe(H_2O)_6]^{2+} \rightleftarrows [Fe(H_2O)_6]^{3+} + e^- \quad \textbf{(酸化反応)}$$
　(淡緑色)　　　　　(黄色)

$$AgCl \longrightarrow Ag\downarrow + \frac{1}{2}Cl_2 \quad \textbf{(光還元反応)}$$
(白色)　　(淡紫色)

1.4.9　古典的な確認反応

　図1.1に示す系統分離により各金属イオンに分離した後，間違いなく目的のイオンが含まれているかを確認することが重要である。古典的な確認反応の方法として，各イオンと錯体を生成し，明瞭な色を示す**発色試薬**を用いる方法とアルカリおよびアルカリ土類元素などの発色試薬が乏しい元素は**炎色反応**により存在を確認する。表1.4に金属イオンと発色試薬およびその組成を示す。また，表1.5に代表的な元素とその炎色反応の色を示す。

　炎色反応は，古くから知られているが量子力学的現象である。ブンゼンバーナーの酸化炎（外側の高温の炎）の温度は約1000℃程度である。この温度で白金線の先につけた塩溶液（たとえば塩化ナトリウム溶液）が固体の塩，次に塩の蒸発により分子（塩化ナトリウム分子）となる。その分子が熱分解により原子（ナトリウム原子）に解離する。生成した原子中の最外殻の**基底状態**（最も安定な状態）の電子は熱エネルギーにより励起される（基底状態よりエネルギーが高い状態）。この**励起状態**の寿命は短いので，励起された電子は基底状態に戻るが，吸収したエネルギーを熱ではなく光エネルギーとして放出する。この光エネルギーの大きさは吸収した熱エネルギーの大きさと同じであり（励起状態と基底状態間のエネルギー差），元素に特有である。相当する波長の光は**線スペクトル**として観測され，元素毎に放出される光エネルギーが異なるので，元素毎に固有の色が観測される。図1.3にナトリウム原子の黄色が観測される原理を示す。この炎色反応によりRb，Cs，Tlなどの元素が発見された。

表1.4 代表的な金属イオンの確認試薬

対象イオン	確認試薬	構造	対象イオン	確認試薬	構造
Ag^+	Cl^-		Al^{3+}	アルミノン	(構造式)
Hg_2^{2+}	Cl^-				
Pb^{2+}	CrO_4^{2-}				
Cu^{2+}	バソクプロインジスルホン酸ナトリウム	(構造式)	Cr^{3+}		
			Co^{2+}	ニトロソナフトール	(構造式)
			Ni^{2+}	ジメチルグリオキシム	(構造式)
Bi^{3+}	キシレノールオレンジ	(構造式)	Zn^{2+}	ジエチルアニリン	(構造式)
			Ba^{2+}	CrO_4^{2-}, SO_4^{2-}	
			Sr^{2+}		
Cd^{2+}	CH_3CSNH_2		Ca^{2+}	NN試薬	(構造式)
Hg^{2+}	I^-				
$As^{3+} As^{5+}$	$(NH_4)_2MoO_4$				
Sb^{3+}	CH_3CSNH_2		Mg^{2+}	チタンエロー	(構造式)
Sn^{2+}					
Fe^{3+}	NH_4SCN		Na^+	炎色反応	
Mn^{2+}	$NaBiO_3$		K^+	炎色反応	
			NH_4^+		

表1.5 代表的な元素の炎色反応

アルカリ金属	炎色反応	アルカリ土類金属	炎色反応	その他の元素	炎色反応
Li	赤	Be	示さない	Cu	青緑
Na	黄	Mg	示さない	In	深青
K	赤紫	Ca	橙赤	Ta	淡緑
Rb	赤	Sr	紅	As	淡青
Cs	淡青	Ba	黄緑	Sb	淡青

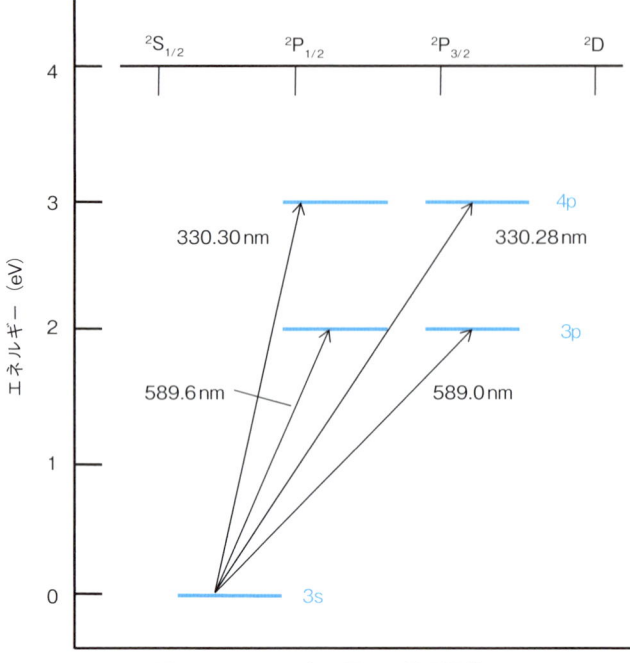

図1.3 ナトリウム原子の電子遷移

1.5 最先端機器による定性分析

1.5.1 蛍光X線分析

X線は1901年レントゲンにより発見された電磁波の一種である。その波長領域は，0.01 nm～10 nm であり，そのエネルギーは 0.1 keV～100 keV にもなる。このX線を物質に照射すると大部分は透過するが一部は散乱や回折し，一部は吸収されて**蛍光X線**を発生する。蛍光X線の発生も量子力学的現象である。X線の波長（エネルギー）を変えながら固体試料に照射するとある特定の波長の時に相当する元素のK殻の電子がたたき出される。するとその上の電子殻であるL殻の電子がK殻に落ちてくる。その時にK殻およびL殻のエネルギー差に相当する電磁波（K_a線）が放出される。このK殻およびL殻のエネルギー差は元素毎に異なるので，放出される K_a 線の波長は元素に特有であるので定性分析が可能である。この K_a 線を蛍光X線と呼ぶ。蛍光X線の発

生原理を図 1.4 に示す。この分析法は非破壊であるので，試料が回収できる。固体を酸などで分解し，溶液化した後，ろ紙などに吸収させ乾燥させれば分析が可能である。固体および溶液試料の定性分析の結果（蛍光 X 線スペクトル）を図 1.5 に示す。検出限界は $1\,\mathrm{mg\,kg^{-1}}$ 程度である。

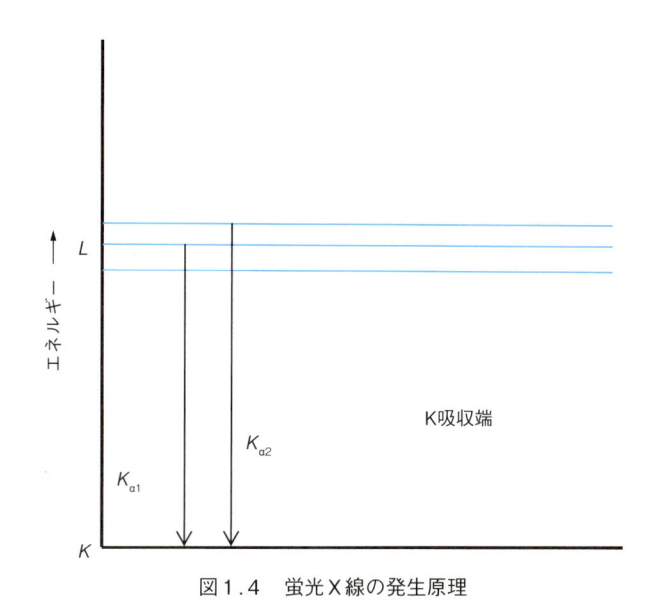

図 1.4　蛍光 X 線の発生原理

(a) 水道水　　(b) 人の血液

図 1.5　蛍光 X 線スペクトルによる定性分析の例

1.5.2 ICP発光分析

分析法の原理は炎色反応と同じである。しかし，この方法の場合は熱源がICP（誘導結合プラズマ）であり，その温度は6000〜9000℃と高温である。熱エネルギーが大きいので多くの元素の発光が観測されるために定性分析が可能である。発光スペクトルの例を図1.6に示す。多くの元素からの発光は紫外線領域（200〜320 nm）である。検出限界は$1 \mu g\ kg^{-1}$程度である。半導体検出器が使えるようになって多元素同時分析が可能となり，定性分析が便利になった。

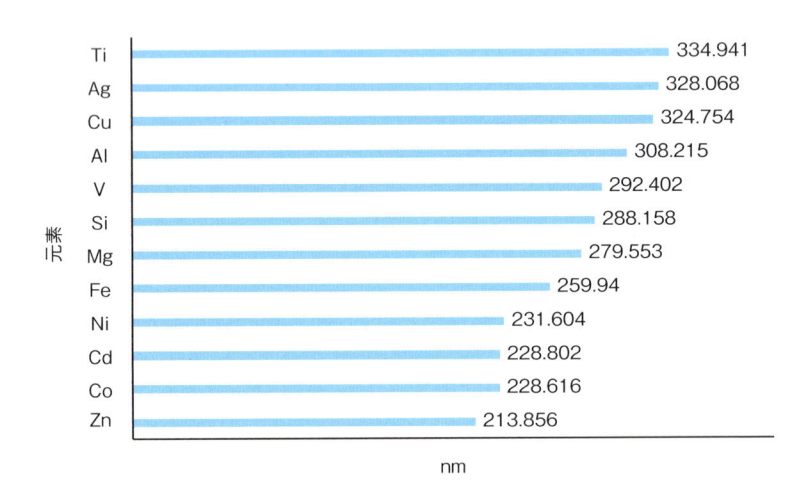

元素	nm
Ti	334.941
Ag	328.068
Cu	324.754
Al	308.215
V	292.402
Si	288.158
Mg	279.553
Fe	259.94
Ni	231.604
Cd	228.802
Co	228.616
Zn	213.856

図1.6　ICP発光分析による発光スペクトルの例

1.5.3 ICP質量分析

ICPが高温であるために，熱励起された原子に加えて多くの元素が1価のイオンとして存在している。そのようなイオンの質量分析を行うと，質量差が1あれば十分に区別できるので定性分析が可能である。単位時間に検出器に飛び込んでくる各イオンを計数するので高感度であり，微量元素の定性分析も行える。溶液での分析が主流であるが，固体試料をレーザーで蒸発させることでも分析が可能である。検出限界は$1\ ng\ kg^{-1}$程度である。

演習問題

1) $PbCl_2$, Ag_2S, CuS, Bi_2S_3 の溶解度積を表す式を書け。

2) $AgCl$ の沈殿を生成させる場合, HCl を大過剰に加えてはならない。その理由について説明せよ。

3) $AgNO_3$ と $Pb(NO_3)_2$ の混合溶液から塩酸を用いて2つのイオンを分離する方法を示せ。

4) 2本の試験管にそれぞれ 0.1 mol dm^{-3}, 0.01 mol dm^{-3} の $Pb(NO_3)_2$ 溶液 1 cm^3 が入っている。これらに 0.1 mol dm^{-3} HCl 1 cm^3 を加えた場合, 25 ℃で沈殿を生じるのはどれか。また, 温度を 100 ℃に加熱するとどうなるか。$PbCl_2$ の溶解度積 (mol^3 dm^{-9}) は 25 ℃で 1.6×10^{-5}, 100 ℃で 4.7×10^{-4} とする。

5) II族金属イオンとIII族金属イオンを分離する方法を簡単に説明せよ。

6) II族金属イオンの硫化物は HNO_3 の酸化作用で溶かすことができる。この沈殿が溶ける理由を平衡移動(ル・シャトリエ)の原理を用いて説明せよ。

7) ニッケルの硫化物が酸性条件 (0.1 mol dm^{-3} HCl 中) では沈殿しないのに対し, アルカリ性条件 (NH_3-NH_4Cl 緩衝溶液中, pH 9) では沈殿が生成する理由を, 溶解度積から説明しなさい。なお, Ni^{2+} の濃度は 0.01 mol dm^{-3} とし, NiS の溶解度積は 3×10^{-19} である。また H_2S の飽和溶液では, $[H^+]^2[S^{2-}] = 1 \times 10^{-22}$ であり, H_2S から解離して生じる H^+ の濃度は無視できるものとする。

8) $Al(OH)_3$ の沈殿生成の際には, NaOH 水溶液ではなく NH_3 水を用いて, pH が大きくなりすぎないように注意する必要がある。その理由を $Al(OH)_3$ の性質から説明せよ。

9) III族金属イオンはIII A族 (Al^{3+}, Cr^{3+}, Mn^{2+}, Fe^{2+}) とIII B族 (Co^{3+}, Ni^{2+}, Zn^{2+}) に分離できる。その理由を説明せよ。

10) 0.1 mol dm^{-3} $AgNO_3$, $Cu(NO_3)_2$, $Fe(NO_3)_3$, $Al(NO_3)_3$, $Ca(NO_3)_2$ の検液 1 滴をそれぞれ試験管に取り水 1 cm^3 を加える。(a)から(c)の操作により沈殿が生じる試験管を, 溶解度積の計算により示せ。なお, 1 滴は 0.05 cm^3 とする。また, 溶解度積は AgCl 8.2×10^{-11}, CuS 6.0×10^{-36}, FeS 6.0×10^{-18}, $Al(OH)_3$ 2.00×10^{-32}, $Ca(OH)_2$ 5.50×10^{-6} とする。

   (a) 全ての試験管に 1 mol dm^{-3} HCl を 2 滴加える。

   (b) (a)で沈殿が生じなかった試験管に 5% CH_3CSNH_2 1 滴を加え, 水浴で

加熱する。

(c) (b)で沈殿が生じなかった試験管にさらに 4 mol dm^{-3} NH$_3$ を 3 滴加えて pH 9 の NH$_3$–NH$_4$Cl 緩衝溶液とし,しばらく加熱を続ける。

コラム 1　自然界における沈殿物：マンガンノジュールと砂漠のバラ

　沈殿は分析化学における物質を分離する基本的な方法である。コラム 7 にも述べるように,海水の中に多種類の電解質が溶解しているため,条件によってイオン積がある物質の溶解度積より大きくなると沈殿して海底堆積物になるので,海水の中で常にいろんな化学反応が起こっている。無機的沈殿のほかに,海水中に生息しているプランクトン（珪藻,円石藻）も溶解している成分を利用して自分の体内に沈殿させ,体の骨格を作っている話も有名である。ここで,海底沈殿物と砂漠で生成した結晶から一つずつ紹介する。

◎マンガンノジュールについて

マンガンノジュールとはマンガンや鉄などの酸化物と水酸化物が数百万年の時間をかけてゆっくりと成長した混合物である。水深約 4000 m の海底に莫大な量のマンガンノジュールが姿の下半分程度を堆積物中に沈め,上半分を海水中にのぞかせて広く分布している（図 1）。大きさは 1 mm 以下からサッカーボール程度のものまで存在するが,多くはジャガイモぐらいの大きさで,形状もジャガイモに似ている。マンガンノジュールにはニッケルやコバルト,銅などの酸化物を 1 ～ 3 % 含み,白金,パラジウムなどのレアメタルも多く濃縮されているため,貴重な海底鉱物資源として注目されている。淡水湖（アメリカの五大湖）や陸上（沖縄）からもマンガンノジュールが発見されている。

図 1　深海底に転がっているマンガンノジュール (http://www.jamstec.go.jp/jamstec-j/30 th/part6/page3.html　より引用)

◎砂漠のバラ：バライト

　砂漠の中に薔薇の花が咲いたように形成される「砂漠のバラ」とは硫酸塩鉱物（$BaSO_4$, $CaSO_4$）の結晶であり，砂漠の砂の中で「花の化石」のように見える結晶に成長してできた石をいう。砂漠の地下にあった硫酸バリウムが，若干の水分によって溶かし出され，この水分が毛細管現象の原理で地上付近まで吸い上げられて，蒸発する。その後，溶かし込まれていた硫酸バリウムが周りの砂を取り込みながら結晶した結果できたと言われている。水がなかった地域から産出されないため，砂漠のバラはかつてその場所に水が存在した証拠にもなる。しかし，花びらのような結晶に成長した原因について，科学的にまだ明らかにされていない。主な産地はメキシコ，アメリカとサハラ砂漠などがある。

図2　砂漠のバラの写真

第2章 定量分析と標準物質

　定量分析とは，溶液または固体の単位体積中または単位重量中の特定の物質量を決定する操作である。

2.1　質量測定

　物質量を最も直接的に測ることができるのは**天秤**を用いる**質量測定**である。**質量**をMとすると重量$W = M \cdot g$である。しかし，地球上の緯度や標高によって重力加速度（g）がわずかに異なるので，質量を正確に測定するには工夫が必要である。すなわち，質量測定は基準となる質量をもつ**分銅**を用いて天秤の釣り合いで求めた**重量**から，地球上どこででも同一質量を定めることができる。現在は，**電子天秤**を用いる場合が多いが，この場合も**標準分銅**を基準に質量を求める仕組みとなっている。天秤の仕組みについては，図2.1に示す。

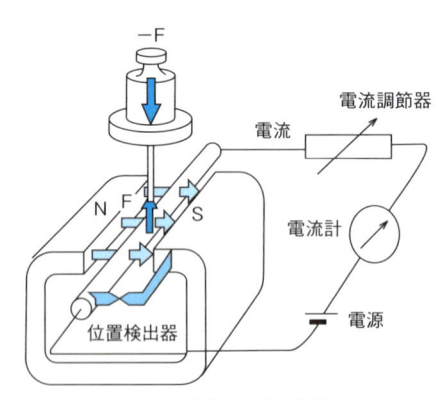

図2.1　電子天秤の仕組み
（日本分析化学会編，『改訂5版　分析化学便覧』，丸善（2001）p.632）

2.2 　重量分析

　溶液中の特定元素濃度を測定する場合，その元素を含む一定組成比をもつ化合物を沈殿・分離，乾燥後，天秤でその質量を測定すると直接的にその元素量を決定することができる（絶対定量法）。代表的な**重量分析**（gravimetry）として，Fe_2O_3 としての鉄，$BaSO_4$ としての硫酸イオン，アルミニウムのオキシン塩としてのアルミニウムなどがある。あとで述べるように，**有効数字**が 4 桁以上必要な場合や濃度が濃い溶液の分析に適している。微量分析の手段としての機器分析によりこのような濃厚溶液の濃度を決定しようとする場合，かなり希釈をする必要があり，希釈による**誤差**を伴う可能性がある。表 2.1 にいくつかの重量分析の例と基本の沈殿反応を示す。

表 2.1　重量分析の例と基本的な沈殿反応

分析する元素	沈殿剤	沈殿反応	秤量形
アルミニウム（Al）	オキシン	$Al^{3+} + 3(C_9H_6ON) \rightarrow Al(C_9H_6ON)_3$	$Al(C_9H_6ON)_3$
クロム（Cr）	$KBrO_4$	$10\,Cr^{3+} + 6\,BrO_3^- + 22\,H_2O \rightarrow 10\,CrO_4^{2-} + 3\,Br_2 + 44\,H^+$	$PbCrO_4$
硫酸イオン（SO_4^{2-}）	$BaCl_2$	$SO_4^{2-} + Ba^{2+} \rightarrow BaSO_4$	$BaSO_4$
塩化物イオン（Cl^-）	$AgNO_3$	$Ag^+ + Cl^- \rightarrow AgCl$	$AgCl$
鉄（Fe）	NaOH	$Fe^{3+} + 3\,OH^- \rightarrow Fe(OH)_3$	Fe_2O_3
ジルコニウム（Zr）	マンデル酸塩 $C_6H_5CH(OH)COOH$	$Zr^{4+} + 4(C_6H_5CH(OH)COOH) \rightarrow Zr(C_6H_5CH(OH)COO)_4$	ZrO_2

2.2.1 　硫酸イオンの定量

　この方法は，硫酸バリウム（$BaSO_4$）が水に難溶で，ろ紙と共に加熱した時，強熱しても安定であることを利用している。**イオンクロマトグラフィー**（第 5 章を参照）が一般化する以前は，水溶液中の硫酸イオン濃度はほぼここで示す重量法で測定されていた。イオンクロマトグラフィーは**酸性雨**の測定に使用されているが，微量で清浄な試料にしか適応できない。濃厚溶液でかつ共存成分がある場合は，現在でも重量分析が用いられている。実験操作と

しては，塩化バリウム（$BaCl_2$）溶液を一定量の試料溶液に加え，すべてのSO_4^{2-}を$BaSO_4$として沈殿させ，ろ紙上にろ取する。恒量にした磁性るつぼに移し，ろ紙を焼いて乾燥した$BaSO_4$を得る。天秤で$BaSO_4$の質量を測定することで，硫酸イオン濃度を求める。

2.2.2 鉄イオンの定量

この方法は，濃厚な鉄の塩溶液中の鉄イオン濃度を決定する場合に適している。たとえば，鉄(Ⅲ)イオンにアンモニアを作用させた時に生じる赤褐色の沈殿は水和酸化鉄(Ⅲ)（$Fe_2O_3 \cdot nH_2O$）である。含まれる水の量，すなわちnの値は沈殿生成時の溶液の温度，沈殿の熟成条件などによって異なる。沈殿を乾燥すると含水量は減少するが，完全になくなることはない。そこで沈殿を強熱し，一定組成の酸化鉄(Ⅲ)（Fe_2O_3）に変換し，この形で**秤量**する（天秤で質量測定すること）。これを鉄の**秤量形**と言う。

2.2.3 その他の重量分析の例

また，岩石中のシリカ（SiO_2）の量や結晶中の結晶水の量を加熱による重量減から求める実験も重量分析に含まれる。前者はシリカとフッ化水素酸との反応でSiF_4を生成させ，加熱によりSiF_4を気体として除去できることを，後者は，適当な温度での加熱により**結晶水**が失われることを利用するものである。例としては，硫酸銅結晶中の結晶水の定量がある。

このように，沈殿反応および沈殿物のろ紙によるろ取，その加熱，乾燥操作により得られた物質の質量を天秤で測定することにより，精確に濃度を決定することができる。

2.3　容量分析と標準物質

化学分析における**容量分析**は"**滴定**"操作により行われる。すなわち，試料溶液に濃度既知の**標準溶液**をビュレットにより滴下して反応させ，反応の完結までに要した標準溶液の濃度と体積から，化学量論関係を用いて目的成分の濃度を求める方法である。容量分析を行う場合，溶液内で起こる反応について化

学平衡論の立場からの理解が重要である。実際の滴定における化学反応やその平衡論的解釈は第3章で学ぶ。

有効数字4桁以上の濃度を保証する滴定用**一次標準溶液**を調製することは容易ではない。濃度が正確に決まる一次標準溶液は，標準物質を純水や高純度の酸に溶解させて調製する。したがって，**標準物質**は，安定な固体で天秤を用いてその質量を正確に測定できるものである。JIS K 8005（容量分析用標準物質）は11品目の標準物質を定めており，品目毎に純度および不純物が規定されている。表2.2にJIS K 8005に規定する**容量分析用標準物質**の純度および乾燥条件を示す。これらの標準物質が，容量分析における物差しの役割を果たす。原子吸光法，ICP（誘導結合プラズマ）発光分析法やICP質量分析法用の

表2.2　JIS K 8005により定められた容量分析用標準物質の種類とその乾燥条件

品　　目	純　度	乾　燥　条　件
亜鉛（Zn）	99.99％以上	塩酸（1＋3），水，エタノール（99.5）（JIS K 8101），ジエチルエーテル（JIS K 8103）で順次洗い，直ちにデシケーターに入れて，約12時間保つ
アミド硫酸（$HOSO_2NH_2$）	99.90％以上	めのう乳鉢で軽く砕いた後，減圧デシケーターに入れ，デシケーター内圧を2.0 kPa以下にして約48時間保つ
塩化ナトリウム（NaCl）	99.98％以上	600℃で約60分間加熱した後，デシケーターに入れて放冷する
酸化ヒ素（Ⅲ）（As_2O_3）	99.98％以上	105℃で約2時間加熱した後，デシケーターに入れて放冷する
シュウ酸ナトリウム（NaOCOCOONa）	99.95％以上	200℃で約60分間加熱した後，デシケーターに入れて放冷する
炭酸ナトリウム（Na_2CO_3）	99.97％以上	600℃で約60分間加熱した後，デシケーターに入れて放冷する
銅（Cu）	99.98％以上	塩酸（1＋3），水，エタノール（99.5）（JIS K8101），ジエチルエーテル（JIS K8103）で順次洗い，ただちにデシケーターに入れて，約12時間保つ
二クロム酸カリウム（$K_2Cr_2O_7$）	99.98％以上	めのう乳鉢で軽く砕いた後，150℃で約60分間加熱した後，デシケーターに入れて放冷する
フタル酸水素カリウム[C_6H_4(COOK)(COOH)]	99.95〜100.05％	めのう乳鉢で軽く砕いた後，120℃で約60分間加熱した後，デシケーターに入れて放冷する
フッ化ナトリウム（NaF）	99.90％以上	500℃で約60分間加熱した後，デシケーターに入れて放冷する
ヨウ素酸カリウム（KIO_3）	99.95％以上	めのう乳鉢で軽く砕いた後，130℃で約120分間加熱した後，デシケーターに入れて放冷する

a．乾燥時に用いるデシケーターの乾燥剤は，JIS Z 0701に規定するシリカゲルA形1種を用いる。
b．容量分析用標準物質は、常に乾燥剤を入れないデシケーター中に保存する。

標準溶液が市販されているが，これらの濃度は容量分析（キレート滴定）により決定される。各標準物質の取り扱いについては，容量分析のところで説明する。

2.4 分析化学における純水

標準物質の純度ばかりでなく，標準溶液の調製や試料溶液の希釈に用いる水も純度の高いものを用いなければならない。ここでは，通常用いられる**水の精製法**である蒸留法，イオン交換法に加えて，超純水製造装置を用いる方法について述べる。

2.4.1 蒸　留　水

水道水などの水を沸騰させ，発生した水蒸気を冷却して凝縮させたものが**一次蒸留水**である。一次蒸留水装置の概略を図2.2に示す。一次蒸留水には，まだ種々の成分が含まれてる。一次蒸留水をもう一度蒸留したものを**二次蒸留水**という。二次蒸留水とは一次蒸留水を再び蒸留したもので，二次蒸留水の装置の概略図を図2.3にを示す。この装置では，空気中の塵が混入するのを防ぐためにグラスフィルターを装着している。塵から種々の成分が溶出する可能性がある。とりわけ光散乱実験に用いる水を作る場合には塵の混入を防止しなければならない。塵の混入を防止するためには，蒸留されて凝縮した水を，液滴を作って空気中を落下させないようにしなければならない。必ず，ガラス棒を伝わらせて受器に導き，受器内の水面を乱さないようにする。水滴をポタポタと落下させ，水面を撹乱しながら作った蒸留水には空気中から多量の塵が混入している。受器から蒸留水を取り出す時も器壁を伝わらせて，空気中からの塵の混入を防止する。二次蒸留水に有機物の混入を抑制するには，過マンガン酸カリウムと水酸化ナトリウムまたは硫酸を微量加えて水中に存在する有機物を酸化分解する。

蒸留の場合，原水を沸騰させるときに発生する飛沫が蒸留水に混入する恐れがある。そのために，非沸騰タイプの蒸留装置がある。それを図2.4に示す。半導体関連などの超微量分析にはこの**非沸騰蒸留水**が用いられる。分析に用いる酸もこの方法で精製される。

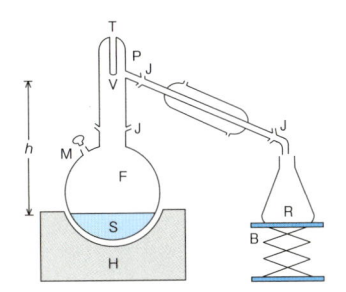

図2.2　一次蒸留水製造装置の概略図

B：架台，C：冷却器，F：フラスコ，H：ヒーター，J：すり合わせ，M：栓，P：導入口，R：受器，S：溶液，T：温度計，V：蒸気室，h：液面と高さ

（日本分析化学編，『分析化学実験ハンドブック』，丸善（1987））

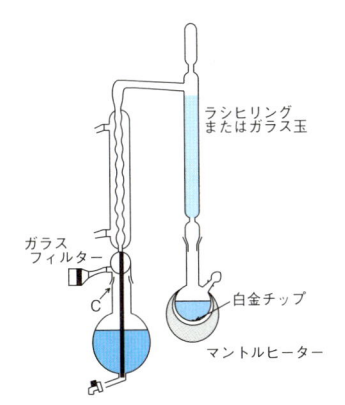

図2.3　二次蒸留水製造装置の概略図

（大学基礎化学教育研究会編，『21世紀の大学基礎化学実験』，学術図書（2007））

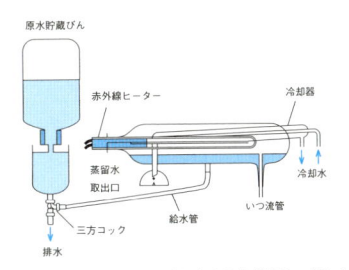

図2.4　非沸騰型の純水製造装置の概略図

（日本分析化学編，『分析化学実験ハンドブック』，丸善（1987））

2.4.2 イオン交換水

水道水などに含まれるイオンは，**イオン交換樹脂**を用いて簡単に除去することができる。水の精製に使用されるイオン交換樹脂は，強酸型および強塩基型である。この型のイオン交換樹脂は，スチレンとジビニルベンゼンの共重合体で，図2.5に示すようにジビニルベンゼンがポリスチレン鎖を架橋した網目構造をしている。陽イオン交換樹脂はスルホン基（$-SO_3H$）を持ち，式（2-1）に示すようにスルホン基のH^+と陽イオンM^{n+}と交換できる。陰イオン交換樹脂は第4級アンモニウム基（$-N(A_3)$-OH，A：アルキル基）を持ち，式（2-2）に示すように，アンモニウム基のOH^-基と陰イオンY^{n-}と交換できる。樹脂骨格をR，金属イオンをM^{n+}で表すと，陽イオンおよび陰イオン交換反応および脱イオン反応式は式（2-3）のように書ける。

$$nR\text{-}SO_3H + M^{n+} = nR\text{-}SO_3M + nH^+ \qquad (2-1)$$

$$nR\text{-}N(A_3)OH + Y^{n-} = nR\text{-}N(A_3)Y + nOH^- \qquad (2-2)$$

$$nH^+ + nOH^- = nH_2O \qquad (2-3)$$

すなわち，水道水を陽イオンおよび陰イオン交換樹脂の両方を含むカラムを通すだけで**イオン交換水**を簡単に作ることができる。イオン交換水の精製のレベルは水の電気伝導度を測定することで監視できる。ただし，電荷をもたない非電解質は除去されない。また，イオン交換水にはイオン交換樹脂の微粒子が混入するので，蛍光分析などにはそのまま用いることはできない。

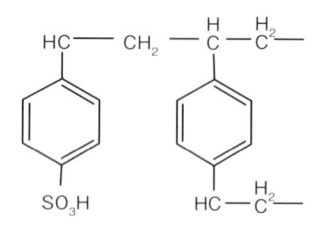

図2.5 ジビニルベンゼンがポリスチレン鎖を架橋した網目構造

2.4.3 超純水

最近，高純度の水を製造する装置が市販されている。**超純水**の一般的な定義はその電気抵抗値が $10^{18}\,\Omega$ より小さい水である。原水としては，イオン交換水または逆浸透膜水を用い，活性炭，イオン交換樹脂カラムを通し，最後にメンブランフィルターでろ過をする。水質は**電気伝導度**と**全有機炭素**（TOC）により監視する。原理としては，活性炭で有機物や非電解質を，イオン交換樹脂で電解質を除去し，最後にフィルターでイオン交換樹脂などの微粒子を除去する仕組みとなっている。

演習問題

1) $FeCl_3$ 溶液の $5\,cm^3$ をビーカーにとり、十分量のアンモニア水を加え水酸化鉄（III）を沈殿させた。これを定量ろ紙を用いてろ別し、沈殿をろ紙ごと磁性るつぼに入れて、焼成した。恒量になった時の質量は 159.6 mg であった。$FeCl_3$ 溶液の Fe^{3+} 濃度を計算せよ。なお、各原子の原子量は次の通りとする。Fe（55.8），O（16.0），N（14.0），H（1.00）。また、ろ紙の質量は無視できるものとする。
2) 容量分析用標準物質であるための条件を述べよ。また、容量分析用標準物質がはたす役割について説明せよ。

コラム2　単位について：質量と長さと時間の物差し

　量を測定する際に，比較の基準として用いる一定の大きさの量を「単位」と言う。単位は約束によって決めることができるが，測定結果は用いた単位の普遍性のおよぶ範囲に限られる。国際単位系 SI は国際度量衡委員会が 1960 年に「すべての国が採用しうる一つの実用的な単位制度」を作る目的で決定した。国際単位系の 7 個の基本単位を下表に示す。ここで，3 つの基本単位である質量単位，長さ単位と時間の単位を紹介する。

質量単位　キログラム

　初期の 1 キログラムの定義は「1 リットルの水の質量」であって，「大気圧下で氷の溶けつつある温度（0℃）における水の質量」となっていた。しかし，

水の体積は温度に依存するため，1790年に「最大密度（4℃）における蒸留水1立方デシメートルの質量」と改めて定義された。現在の1キログラムの定義は「国際キログラム原器の質量」である。国際キログラム原器は1キログラムの質量を示すものとして，白金（Pt）90％，イリジウム（Ir）10％からなる合金でできて，直径・高さともに39 mmの円柱である。SI系において，今でも普通的な物理量ではなく，人工物に基づいて値が定義されているのはキログラムだけである。

長さ単位　メートル

世界中の様々な長さの単位を統一して，新しい単位を創設する目的で，長さの単位であるメートルは1791年，フランスで初めて規定され，「物差し」を意味するギリシア語の（metron）に由来している。初期の定義では，子午線（地球の北極点から任意の赤道までの）の長さの1000分の1となっていた。メートルの標準としてメートル原器が使われているが，それは90％の白金（Pt）と10％のイリジウム（Ir）からの合金で作られている1 mの基準として用いられる原器である。それ自体の長さではなく，原器の両端付近に記入されたそれぞれの目盛の距離が摂氏零度の時に1メートルとなるように設定されている。パリの度量衡万国中央局に保存されている。しかし，現在のメートルの基準は物理現象による長さの定義に改められ，1秒の299792458分の1の時間（約3億分の1秒）に光が真空中を伝わる距離として定義されている。

時間単位　秒

長い歴史の中で，人類は天体が見せる周期的な現象をもとにして，いろいろなスケールを表す時間の単位を決めた。例えば，1日という単位は日没の周期や日の出る周期をもとに決めて，1ヶ月の単位は月の満ち欠けで決め，1年の単位は太陽の見かけの高度が変化する周期により決めた。さらに，1日24時間，1時間3600秒と決めたが，秒の基準は歴史上何回も変わっている。現在セシウム133（^{133}Cs）原子の基底状態の2つの超微細準位の間の遷移に対応する放射の周期の91億9263万1770倍に等しい時間を1秒と定義している。

物理量	単位	物理量	単位
長さ	メートル（m）	温度	ケルビン（K）
質量	キログラム（kg）	光度	カンデラ（cd）
時間	秒（s）	物質量	モル（mol）
電流	アンペア（A）		

質量の新しい定義：普遍的な物理量による定義へ

前記したように，他の SI 単位は普遍的な物理量に基づく定義に改められているのに対し，キログラムだけが人工物に依存する単位として残っている。人工物による定義では，経年変化により値が変化する。現在の定義に変わる新しい候補として，アボガドロ数やプランク定数を用いる提案がある。2011 年 10 月 21 日に国際度量衡総会において，キログラム原器による基準を廃止し，新しい定義を設けることが決議された。

＊アボガドロ数に基づく定義

一定個数のケイ素（Si）原子の質量をキログラムとするという原子質量標準である。アボガドロ数を正確に求めることができれば，ケイ素 1 kg に含まれるケイ素原子の個数を決定できる。ケイ素を用いるのはケイ素が不純物が極めて少ない単結晶を作成できるからである。現在のアボガドロ数の値は $N_A = 6.022\ 136\ 7\ (36) \times 10^{23}\ \text{mol}^{-1}$（括弧内は不確か）であり，8 桁目に不確かさがある。現行の定義による精度は 8 桁であるので，あと 1 桁精度を上げることができればキログラムの定義を原子質量単位に置き換えられる。

第3章 容量分析

3.1 容量分析とは

容量分析（volumetric analysis）とは，目的成分を含む一定体積の試料溶液に定量的に反応する濃度既知の標準溶液を加え，その反応が完結するまでに要した標準溶液の体積から，目的成分の濃度を決定する分析法である。体積の測定には**ビュレット**が用いられる。ビュレットにより溶液を滴下することからこの操作を**滴定**（titration）という。容量分析は重量分析と比較して操作が簡便であり，現在でも広い分野で使用されている。

容量分析で用いる滴定法は次の4種類に分類される。

(1) **酸・塩基滴定**

濃度既知の酸または塩基の標準溶液を用いて濃度未知の塩基または酸を定量する方法である。この滴定の終点は，**酸・塩基指示薬**を用いる方法の他，pH変化を利用して決定できる。

(2) **沈殿滴定**

標準溶液を試料溶液に滴下して目的成分を沈殿させる。その沈殿反応の終点を**沈殿指示薬**により決定し，消費した標準溶液の体積と濃度から目的化学種を定量する。

(3) **酸化還元滴定**

酸化または還元される化学種を含む試料溶液に，濃度既知の還元剤または酸化剤の標準溶液を滴下し，終点まで加えた標準溶液の濃度と体積から目的の化学種を定量する。終点の決定は，反応溶液の色の変化を利用する場合が多い。

(4) **キレート滴定**

目的化学種である金属イオンを含む試料溶液に，濃度既知のキレート標準溶

液を滴下し，終点まで加えた標準溶液の濃度と体積から金属イオン濃度を求める。金属イオン標準溶液の濃度を決定するのに用いられる。1分子中に2個以上の配位座をもつ有機試薬を**キレート試薬**という。終点は**金属指示薬**の変色を利用して決める。

3.2 酸・塩基滴定と酸・塩基平衡

　濃度を決定するという定量分析に限って言えば，酸・塩基の中和反応式と滴定実験における標準溶液の滴下量から当量関係を用いて濃度を算出するのが目的である。酸・塩基滴定（acid–base titration）は**中和滴定**（neutralization titration）とも呼ばれ，多くの無機酸や塩基，有機酸や塩基の定量に重要である。しかし，濃度を精確に求めるためには，酸・塩基の定義や溶液内反応について知ることが重要である。

3.2.1　酸と塩基の定義

　アレニウスの考え方によれば，酸（acid）は水素化合物であって，水溶液中で水素イオン（H^+）を与える化合物であり，塩基（base）とは水酸化物であって，水溶液中で水酸化物イオン（OH^-）を与える化合物のことである。この定義に従えば，式（3–1）と（3–2）の反応式で表されるように塩酸（HCl）や硫酸（H_2SO_4）は酸であるが，二酸化硫黄（SO_2）や二酸化炭素（CO_2）は水に溶けて酸性を示すが酸ではないことになる。

$$HCl + H_2O \longrightarrow H_3O^+ + Cl^- \qquad (3-1)$$

$$H_2SO_4 + H_2O \longrightarrow H_3O^+ + HSO_4^- \qquad (3-2)$$

H^+はプロトンとも呼ばれるが，遊離の形で水溶液中に存在することはなく，H^+は水と反応して**ヒドロニウムイオン**（H_3O^+）を与える。しかし，単にH^+と表す場合が多い。塩基は水溶液中でイオン化し水酸化物イオンを出し，式（3–3）のように表せる。

$$NaOH \longrightarrow Na^+ + OH^- \qquad (3-3)$$

　ブレンステッドは，酸はプロトンを与えることができる物質，塩基とはプロトンを受け取ることができる物質と定義した（**ブレンステッドの酸・塩基**）。例えば，アンモニアを例にあげると

$$NH_4^+ + H_2O \longrightarrow NH_3 + H_3O^+ \qquad (3-4)$$

この反応においてアンモニウムイオンは酸であり，アンモニアは塩基である。一般的に表すと式（3-5）のように表す。

$$HA + H_2O \longrightarrow H_3O^+ + A^- \qquad (3-5)$$

酸 HA は塩基 A^- に対する**共役酸**であり，塩基 A^- は酸 HA に対する**共役塩基**である。

3.2.2　水のイオン積と pH

　式（3-6）および（3-7）に示すように，H_2O（水）はプロトンを解離することも，プロトンを受け入れることもできる。

$$H_2O \longrightarrow H^+ + OH^- \qquad (3-6)$$

$$H_2O + H^+ \longrightarrow H_3O^+ \qquad (3-7)$$

式（3-6）と（3-7）より

$$2H_2O \longrightarrow H_3O^+ + OH^- \qquad (3-8)$$

式（3-8）の反応を**水の自己プロトリシス**と呼ぶ。この反応式の平衡定数を K_w とすると

$$K_w = \frac{[H_3O^+][OH^-]}{[H_2O]^2} \qquad (3-9)$$

純溶媒の濃度は単位濃度とするので，$[H_2O] = 1$ である。したがって

$$K_w = [H^+][OH^-] \qquad (3-10)$$

K_w のことを**水のイオン積**と呼ぶ。水溶液中で $[H^+] = [OH^-]$ の時，その水溶液は中性である。その時のpHは式（3-11）で与えられる。

$$pH = -\log K_w^{1/2} \qquad (3-11)$$

25℃において $K_w = 1.0 \times 10^{-14}$ (mol dm^{-3})^2 である。したがって中性のpHは7となる。しかし，K_w は温度とともに変化するので，中性pHも温度により変化する。例えば，100℃における中性pHは5.6である。

3.2.3 強酸，弱酸と強塩基，弱塩基

一般に強酸と強塩基の反応はそれぞれが完全解離するので，H^+ と OH^- の濃度が酸と塩基の濃度から容易に計算することが可能である。しかし，弱酸と弱塩基は一部しか解離しないために H^+ と OH^- の濃度を決定するためには**解離定数** K_a が必要である。一塩基性弱酸（HA）の解離反応は式（3-12）に，その K_a は式（3-13）のように定義される。なお，K_a は温度によって変化する。

$$HA + H_2O \longrightarrow H_3O^+ + A^- \qquad (3-12)$$

$$K_a = \frac{[H_3O^+][A^-]}{[HA]} \qquad (3-13)$$

また，一酸性塩基（B）の H^+ との結合定数 K_b は次のように定義される。

$$B + H_2O \longrightarrow BH^+ + OH^- \qquad (3-14)$$

$$K_b = \frac{[BH^+][OH^-]}{[B]} \qquad (3-15)$$

式（3-13）の両辺の対数をとると

$$\log K_a = \log[H^+] + \log\frac{[A^-]}{[HA]} \quad (3-16)$$

$pH = -\log[H^+]$ であるので，式（3-16）は式（3-17）のように表される。

$$pH = pK_a + \log\frac{[A^-]}{[HA]} \quad (3-17)$$

すなわち，pH は pK_a の関数として表される。ここで，[A^-] = [HA] の場合，pH = pK_a となり溶液の pH が pK_a となることを意味している。酸 HA は塩基 A^- と共役対の関係（$A^- + H_2O \rightarrow HA + OH^-$）にあるため，次の関係がある。

$$K_a \cdot K_b = \left\{\frac{[H_3O^+][A^-]}{[HA]}\right\}\left\{\frac{[HA][OH^-]}{[A^-]}\right\}$$

$$= [H_3O^+][OH^-]$$

$$= K_w \quad (3-18)$$

3.2.4 緩衝溶液

緩衝溶液とは，少量の酸や塩基が加えられても pH の変化を抑える役割をする溶液のことである。緩衝溶液は，pH 一定の下での反応や分析（定量分析や状態分析）を行う必要がある場合に非常に有用である。緩衝溶液は，前項で示したような弱酸とその共役塩基，または弱塩基とその共役酸を決められた濃度と比率で混合した溶液である。例えば，酢酸溶液に酢酸塩の溶液を加える系では以下のような平衡が存在する。この場合，水素イオン濃度と酢酸イオン濃度は等しい。

$$CH_3COOH \rightleftarrows H^+ + CH_3COO^- \quad (3-19)$$

$$K_a = \frac{[\mathrm{H^+}][\mathrm{CH_3COO^-}]}{[\mathrm{CH_3COOH}]} \qquad (3\text{-}20)$$

いま,この溶液に酢酸塩(酢酸イオン:$\mathrm{CH_3COO^-}$)を加えると,水素イオン濃度と酢酸イオン濃度は異なった濃度となる。式(3-20)より,この時の水素イオン濃度は式(3-21)のように表すことができる。

$$[\mathrm{H^+}] = K_a \frac{[\mathrm{CH_3COOH}]}{[\mathrm{CH_3COO^-}]} \qquad (3\text{-}21)$$

両辺の対数をとり,pHの式に変換すると,式(3-22)になる。

$$\mathrm{pH} = \mathrm{p}K_a + \log \frac{[\mathrm{CH_3COO^-}]}{[\mathrm{CH_3COOH}]} \qquad (3\text{-}22)$$

このように,共役の弱酸塩基対のpHは用いた酸($\mathrm{CH_3COOH}$)と塩基($\mathrm{CH_3COO^-}$)の濃度の対数に依存する。この溶液に少量の強酸を加えると

$$\mathrm{CH_3COO^-} + \mathrm{H^+} \rightleftharpoons \mathrm{CH_3COOH} \qquad (3\text{-}23)$$

の反応によって水素イオンが消費され,それに対応して$\mathrm{CH_3COO^-}$が$\mathrm{CH_3COOH}$に変化する。逆に強塩基を加えると

$$\mathrm{CH_3COOH} + \mathrm{OH^-} \rightleftharpoons \mathrm{CH_3COO^-} + \mathrm{H_2O} \qquad (3\text{-}24)$$

の反応によって水酸化物イオンが消費され,$\mathrm{CH_3COOH}$が$\mathrm{CH_3COO^-}$に変化する。例えば,強酸を水素イオン濃度$[\mathrm{H^+}]^*$だけ添加するとpHは式(3-25)のようになる。

$$\mathrm{pH} = \mathrm{p}K_a + \log \frac{C_A + [\mathrm{H^+}]^*}{C_B + [\mathrm{H^+}]^*} \qquad (3\text{-}25)$$

ここで,C_Aは酢酸濃度,C_Bは酢酸塩濃度である。C_A, $C_B \gg [\mathrm{H^+}]^*$であれば溶液のpHはほとんど変化しない。緩衝溶液の**緩衝能**は,式(3-26)または(3-27)で定義される**緩衝指数** β によって表される。

$$\beta = \frac{d[\mathrm{H}^+]^*}{d\mathrm{pH}} \qquad (3-26)$$

$$\beta = \frac{d[\mathrm{OH}^-]^*}{d\mathrm{pH}} \qquad (3-27)$$

β は，溶液の pH を dpH だけ変化させるのに要する強酸または強塩基の量を示すものであり，β が大きければ大きいほどその緩衝溶液の緩衝能は大きい。β が最大になるのは，pH = pK_a の時，すなわち $C_A = C_B$ の時である。したがって，緩衝溶液を調製する場合は，目的の pH になるべく近い（±1 以内）pK_a を持つ酸とその共役塩基を選択すれば良い。表3.1 に良く用いられる緩衝溶液の例を示す。

表3.1 よく使われる緩衝液

Clark-Lubs の緩衝液									
0.2 mol dm^{-3} フタル酸水素カリウム / cm^3	共通して 100.0 cm^3								
0.2 mol dm^{-3} HCl / cm^3	46.70	39.60	32.95	26.42	20.32	14.70	9.90	5.97	2.63
H$_2$O / cm^3	103.30	110.40	117.05	123.58	129.68	135.30	140.10	144.03	147.63
pH(20 ℃)	2.2	2.4	2.6	2.8	3.0	3.2	3.4	3.6	3.8
Sørensen の緩衝液									
0.1 mol dm^{-3} クエン酸ナトリウム / cm^3	10.0	9.5	9.0	8.0	7.0	6.0	5.5	5.25	
0.1 mol dm^{-3} NaOH / cm^3	0.0	0.5	1.0	2.0	3.0	4.0	4.5	4.75	
pH(20 ℃)	4.96	5.02	5.11	5.31	5.57	5.98	6.34	6.60	
Briton-Robinson の広域緩衝液，0.04 mol dm^{-3} 酸混合液（0.04 mol dm^{-3} H$_3$PO$_4$ + 0.04 mol dm^{-3} 酢酸 + 0.04 mol dm^{-3} ホウ酸）-NaOH									
0.04 mol dm^{-3} 酸混合液 /cm^3	共通して 100.0 cm^3								
0.2 mol dm^{-3} NaOH / cm^3	0.0	10.0	20.0	25.0	62.5	70.0	80.0	90.0	100.0
pH(20 ℃)	1.81	2.21	3.29	4.10	8.36	9.15	10.88	11.58	11.98

3.2.5 酸・塩基滴定曲線

容量分析では，試料溶液中の目的成分濃度が標準溶液を用いて滴定することによりどのように変化するかをグラフで表したものを**滴定曲線**という。酸・塩基滴定は等当量の酸と塩基による中和反応であり，滴定曲線は横軸に標準溶液

の添加量，縦軸には試料溶液の水素イオン濃度を pH として表示したものである。強酸を強塩基で滴定した場合と弱酸を強塩基で滴定した場合は滴定曲線が異なる。

(1) 強酸・強塩基滴定

図 3.1 に 0.1 mol dm^{-3} 塩酸 50 cm^3 を 0.1 mol dm^{-3} 水酸化ナトリウム溶液で滴定した場合の滴定曲線を青色で示す。この場合，0.01 mol dm^{-3} 水酸化ナトリウム溶液を加えていく各段階での溶液中の pH を計算することにより滴定曲線を作成することができる。水酸化ナトリウム溶液を加える前は，0.1 mol dm^{-3} 塩酸であるので pH は 1.0 である。滴定開始後 0.1 mol dm^{-3} 水酸化ナトリウム溶液を 48 cm^3 加えた場合，pH は約 3.5 となり，pH はわずか 1.5 だけ増加している。しかし，滴定を続け**当量点**に近づくにつれ pH は急激に増加し当量点では pH は 7 になる。さらに滴定を続けると，pH は 7 から急激に増加し pH 13 に近づく。滴定の当量点とは，滴定曲線で言えば化学量論反応が完結するのに必要な理論上のビュレットからの標準溶液の滴下体積である。後ででてくる**終点**とは定義が異なる。

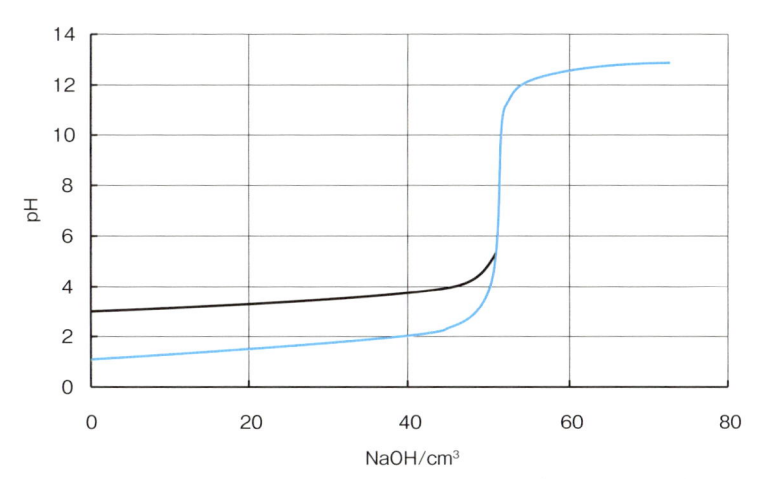

図 3.1　それぞれ 0.1 mol dm^{-3} の塩酸と 0.1 mol dm^{-3} の酢酸 50 cm^3 を 0.1 mol dm^{-3} 水酸化ナトリウム溶液で滴定した滴定曲線
（青色：塩酸，黒色：酢酸）

(2) 弱酸・強塩基滴定

同じように，図3.1に0.1 mol dm^{-3}酢酸50 cm^{3}を0.1 mol dm^{-3}水酸化ナトリウム溶液で滴定した場合の滴定曲線を黒色で示す。酢酸は一部が解離し中和反応により水と酢酸ナトリウムが生成する。滴定前の0.1 mol dm^{-3}酢酸溶液の[H$^+$]は$(K_a \cdot C)^{\frac{1}{2}}$で近似できる（演習問題を参照）。ここで$C$は酢酸の総濃度を示す。0.1 mol dm^{-3}の酢酸のpHは約3.5である。滴定開始後，酢酸の一部は酢酸ナトリウムとなるために緩衝系が生じる。そのために当量点まではpHは緩やかに上昇する。当量点を超えるとpHは過剰の[OH$^-$]に依存し，強酸との滴定曲線と同様の形状をとる。

(3) 弱酸・弱塩基滴定

図3.2に0.01 mol dm^{-3}酢酸100 cm^{3}を0.1 mol dm^{-3}アンモニア水で滴定した場合の滴定曲線を示す。塩酸，酢酸とも水酸化ナトリウム溶液で滴定した時は，当量点付近で大きなpHのジャンプが見られるのに対し，酢酸をアンモニア水で滴定した場合はpHの変化は鈍く，pHのジャンプも小さい。

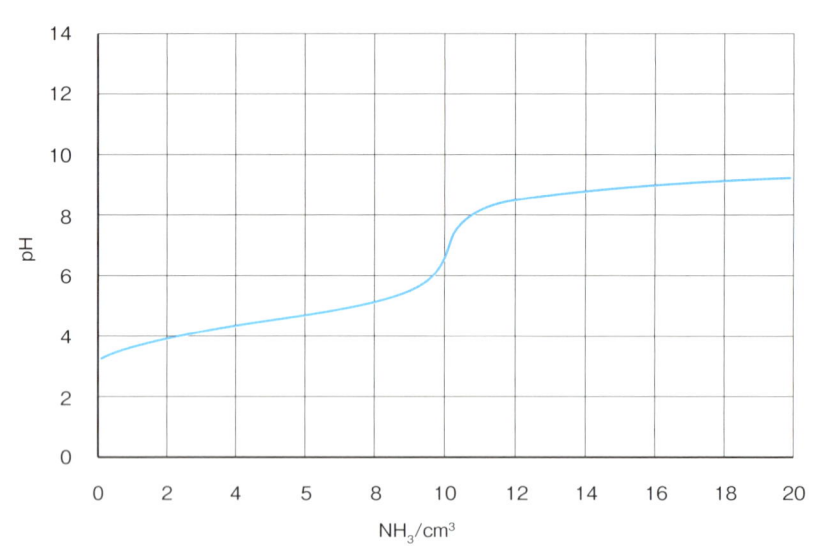

図3.2　0.01 mol dm^{-3}酢酸100 cm^{3}を0.1 mol dm^{-3}アンモニア水で滴定した滴定曲線

3.2.6　終点の決定法

先に述べたように，試料溶液に対し等当量の標準溶液を加えた点を**当量点**と呼び，何らかの方法で試料溶液と滴定標準溶液の反応が終了したことが観測される点を**終点**と呼ぶ。滴定においては，この当量点と終点が一致するか，きわめて近くなるような測定法を選ばなければならない。滴定の終点を決定するのに最もわかりやすい方法は，滴定曲線の縦軸に示されるように滴定中の各段階でpHを測定し，滴定標準溶液の滴下量とpHのグラフを作成する方法である。しかし，試料溶液に**酸・塩基指示薬**を加え，その色の変化で終点を決定する方法が簡便であるために通常よく用いられる。

酸・塩基滴定で用いられる指示薬は，一般に弱い有機酸または有機塩基であり，代表的な指示薬として**フェノールフタレイン**や**メチルオレンジ**がある。フェノールフタレインは酸性および中性で無色であるが塩基性で赤色を呈する。メチルオレンジは酸性で赤色，中性および塩基性で黄色を呈する。図3.3にフェノールフタレインの変色メカニズムを示す。いま，指示薬の酸形と塩基形をHInとIn$^-$で表すと，式（3-28）に示すような平衡が成立する。

$$\text{HIn} \rightleftarrows \text{H}^+ + \text{In}^- \quad (3\text{-}28)$$

指示薬の酸解離定数をK_{in}とすると

$$K_{in} = \frac{[\text{H}^+][\text{In}^-]}{[\text{HIn}]} \quad (3\text{-}29)$$

$$\text{pH} = pK_{in} + \log\frac{[\text{In}^-]}{[\text{HIn}]} \quad (3\text{-}30)$$

となる。指示薬の変色が肉眼で認められるのは，酸形と塩基形の濃度比[In$^-$]/[HIn]が0.1～10とされている。すなわち，指示薬の両方の状態で色を有する場合，両方の状態の濃度比が10：1ならば濃度が高い状態の色のみ観測される。そのため[In$^-$]/[HIn] = 1/10の場合，pH = pK_{in} − 1となり，[In$^-$]/[HIn] = 10の場合 pH = pK_{in} + 1となる。これは指示薬の変色がpHで2単位の幅で起こることを意味する。

指示薬を用いる滴定では、当量点で滴定標準溶液を1滴（約 0.03 cm³）過剰に加えたところで変色が起こることが必要とされている。すでに述べたように、酸・塩基滴定では、当量点において pH で2単位以上の変化が起こることが不可欠である。この条件を満足する酸・塩基の組み合わせは、強酸と強塩基が最適である。図3.1に示すように、少なくとも一方は強酸または強塩基、他方は中程度の酸または塩基であることが必要である。また、標準溶液として濃度が極端に低いものは使用できない。

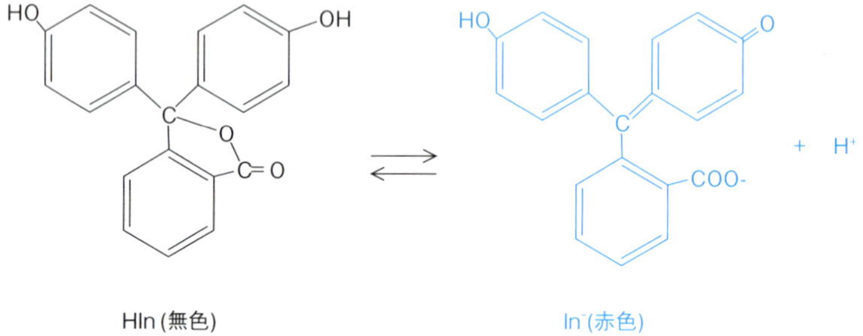

HIn (無色) ⇌ In⁻ (赤色) + H⁺

図3.3 フェノールフタレインの変色メカニズム

3.2.7 多塩基酸の酸・塩基平衡と滴定

硫酸（H_2SO_4）やリン酸（H_3PO_4）は、2個以上の H^+ を放出できる。このような酸を**多塩基酸**と言う。多塩基酸としてリン酸を例にあげると、3段階で逐次的に解離する。

$$H_3PO_4 \rightleftharpoons H_2PO_4^- + H^+ \qquad (3-31)$$

$$K_{a1} = \frac{[H^+][H_2PO_4^-]}{[H_3PO_4]} \qquad (3-32)$$

$$H_2PO_4^- \rightleftharpoons HPO_4^{2-} + H^+ \qquad (3-33)$$

$$K_{a2} = \frac{[\mathrm{H^+}][\mathrm{HPO_4^{2-}}]}{[\mathrm{H_2PO_4^-}]} \qquad (3-34)$$

$$\mathrm{HPO_4^{2-}} \rightleftarrows \mathrm{H^+} + \mathrm{PO_4^{3-}} \qquad (3-35)$$

$$K_{a3} = \frac{[\mathrm{H^+}][\mathrm{PO_4^{3-}}]}{[\mathrm{HPO_4^{2-}}]} \qquad (3-36)$$

ここで，K_{a1}，K_{a2}，K_{a3} はそれぞれ第1，第2，第3 **解離定数** と呼ばれる。おもな酸の酸解離定数を表3.2に示す。このように多塩基酸の場合は多くの **酸解離平衡** が存在するので平衡計算はかなり複雑である。しかし，第1段の $\mathrm{H^+}$ 解離で生成する塩基 $\mathrm{H_2PO_4^-}$ は負電荷を持つためにその負電荷により第2段の $\mathrm{H^+}$ の放出は起こりにくくなる。第3段の $\mathrm{H^+}$ 放出はさらに起こりにくくなる。すなわち，K_{a1} は比較的大きな値でも，K_{a2}，K_{a3} の値は一般に非常に小さく ($K_{a1} > K_{a2} > K_{a3}$)，それぞれの差は極めて大きい。そのために，各解離反応の当量点を滴定で明確に決めることは難しい。リン酸の各酸解離定数は $K_{a1} = 7.1 \times 10^{-3}$，$K_{a2} = 6.3 \times 10^{-8}$，$K_{a3} = 4.5 \times 10^{-13}$ である。水酸化ナトリウム標準溶液でリン酸を滴定する場合はフェノールフタレインを指示薬として

表3.2 主な酸の酸解離定数

酸の名称	酸解離反応	酸解離定数（K_a）	pK_a 値
アンモニウムイオン	$\mathrm{NH_4^+ = H^+ + NH_3}$	5.6×10^{-10}	9.25
ギ酸	$\mathrm{HCOOH = H^+ + HCOO^-}$	2.1×10^{-4}	3.68
酢酸	$\mathrm{CH_3COOH = H^+ + CH_3COO^-}$	1.8×10^{-5}	4.74
硫酸	$\mathrm{H_2SO_4 = H^+ + HSO_4^-}$	1.0×10^{2}	-2
	$\mathrm{HSO_4^- = H^+ + SO_4^{2-}}$	1.2×10^{-2}	1.92
炭酸	$\mathrm{H_2CO_3 = H^+ + HCO_3^-}$	4.2×10^{-7}	6.38
	$\mathrm{HCO_3^- = H^+ + CO_3^{2-}}$	4.8×10^{-11}	10.32
リン酸	$\mathrm{H_3PO_4 = H^+ + H_2PO_4^-}$	7.5×10^{-3}	2.12
	$\mathrm{H_2PO_4^- = H^+ + HPO_4^{2-}}$	6.2×10^{-8}	7.21
	$\mathrm{HPO_4^{2-} = H^+ + PO_4^{3-}}$	1×10^{-12}	12

ただし，$\mathrm{H_2CO_3}$ と表現される化合物は確認されていない。より厳密には $\mathrm{CO_2 \cdot aq}$（水和した二酸化炭素）と考えられている。したがって酸解離反応は $\mathrm{CO_2 \cdot aq = H^+ + HCO_3^-}$ と表わすべきであろう。しかし，$\mathrm{H_2CO_3}$ は計算上便利であるために用いられている。

用い，式（3-37）に示す第2当量点を滴定で決定し，リン酸濃度を求める。これは，フェノールフタレインの変色するpHが第2当量点に近いからである。

$$H_3PO_4 + 2\,NaOH = Na_2HPO_4 + 2\,H_2O \qquad (3\text{-}37)$$

3.2.8 酸・塩基化学種の分布のpH依存性

水溶液中に存在する酸・塩基化学種の分布はpHによって変化する。その分布をpHの関数として表すことは重要である。ここでは，前項で示した三塩基酸であるリン酸を例に取り上げる。リン酸についての物質収支は式（3-38）で表される。

$$C_A = [H_3PO_4] + [H_2PO_4^-] + [HPO_4^{2-}] + [PO_4^{3-}] \qquad (3\text{-}38)$$

ここでC_Aは総リン酸濃度である。式（3-34），（3-35）と式（3-36）より$[H_2PO_4^-]$，$[HPO_4^{2-}]$，$[PO_4^{3-}]$は，$[H_3PO_4]$の関数として以下のように表すことができる。

$$[H_2PO_4^-] = \frac{K_{a1}}{[H^+]} \cdot [H_3PO_4] \qquad (3\text{-}39)$$

$$[HPO_4^{2-}] = \frac{K_{a1} \cdot K_{a2}}{[H^+]^2} \cdot [H_3PO_4] \qquad (3\text{-}40)$$

$$[PO_4^{3-}] = \frac{K_{a1} \cdot K_{a2} \cdot K_{a3}}{[H^+]^3} \cdot [H_3PO_4] \qquad (3\text{-}41)$$

ここで，$[H_3PO_4]$の総リン酸濃度C_Aに対する比をa_0とすると，これは式（3-39），（3-40），（3-41）を式（3-38）に代入することで与えられる。

$$a_0 = \frac{[H_3PO_4]}{C_A}$$

$$= \frac{[H^+]^3}{[H^+]^3 + K_{a1}[H^+]^2 + K_{a1} \cdot K_{a2}[H^+] + K_{a1} \cdot K_{a2} \cdot K_{a3}} \qquad (3\text{-}42)$$

同様に $\dfrac{[\mathrm{H_2PO_4^-}]}{C_\mathrm{A}}$, $\dfrac{[\mathrm{HPO_4^{2-}}]}{C_\mathrm{A}}$, $\dfrac{[\mathrm{PO_4^{3-}}]}{C_\mathrm{A}}$ をそれぞれ a_1, a_2, a_3 とすれば，これらは a_0 と次のような関係になる。

$$a_1 = \left\{\frac{K_{a1}}{[\mathrm{H^+}]}\right\} a_0 \qquad (3\text{-}43)$$

$$a_2 = \left\{\frac{K_{a1} \cdot K_{a2}}{[\mathrm{H^+}]^2}\right\} a_0 \qquad (3\text{-}44)$$

$$a_3 = \left\{\frac{K_{a1} \cdot K_{a2} \cdot K_{a3}}{[\mathrm{H^+}]^3}\right\} a_0 \qquad (3\text{-}45)$$

これらの式に先に示した K_{a1}, K_{a2}, K_{a3} の値を代入すると，それぞれの化学種の濃度分率を pH の関数として図3.4のように表すことができる。

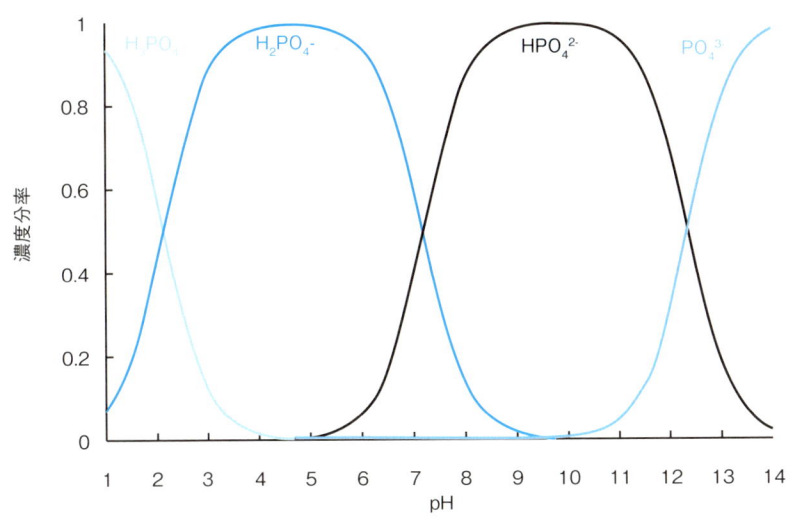

図3.4 リン酸各化学種の濃度分率と pH の関数

3.3 沈殿平衡と沈殿滴定

難溶性の沈殿生成を利用する滴定を**沈殿滴定**という。標準溶液に硝酸銀溶液を用いる滴定が実用的に重要であり，ハロゲン化物イオンを定量する方法が主流である。例えば，海洋化学においては海水中の塩化物イオンを精確に決定する方法として使われている。

3.3.1 溶解度と溶解度積

一般に異なる電荷をもつイオンからなる難溶性の電解質（M_mA_n）は，溶媒に全く溶解しないのではなく，式（3–46）に示すようにわずかに溶解している（第1章参照）。

$$M_mA_n \rightleftarrows mM^{n+} + nA^{m-} \quad (3-46)$$

溶解度積 K_{sp} は式（3–47）のように表される。

$$K_{sp} = [M^{n+}]^m[A^{m-}]^n \quad (3-47)$$

塩化銀（AgCl）のような MA 型の電解質溶液中では，M^+ イオン濃度と A^- イオン濃度は等しいため，**溶解度** S（mol dm^{-3}）と溶解度積 K_{sp} とは（3–50）の関係にある。

$$S = [M^+] = [A^-] \quad (3-48)$$

$$K_{sp} = [M^+][A^-] = S^2 \quad (3-49)$$

$$S = \sqrt{K_{sp}} \quad (3-50)$$

クロム酸銀（Ag_2CrO_4）のような M_2A 型の電解質溶液では

$$M_2A \rightleftarrows 2M^+ + A^{2-} \quad (3-51)$$

$$S = \left(\frac{1}{2}\right)[M^+] = [A^{2-}] \quad (3-52)$$

$$K_{sp} = [M^+]^2[A^{2-}] = \{2[A^{2-}]\}^2[A^{2-}] = 4S^3 \quad (3\text{-}53)$$

$$S = \sqrt[3]{\left(\frac{K_{sp}}{4}\right)} \quad (3\text{-}54)$$

　一般に溶解度積は電解質の難溶性を示す指標の1つである。しかし，溶解度積と溶解度との関係は前述したように電解質の型に依存し単純ではない。例えば，AgClの溶解度積は 8.2×10^{-11} で Ag_2CrO_4 の溶解度積 1.12×10^{-12} より大きい。一方，AgClの溶解度は 9.1×10^{-6} となり Ag_2CrO_4 の溶解度 6.54×10^{-5} より小さくなる。

例題　3–1

　硫酸バリウムの溶解度積は 1.0×10^{-10}（25℃）である。硫酸バリウムが溶液と平衡にある時の硫酸イオン濃度を求めよ。また，この溶液にバリウムイオン濃度が 1×10^{-3} mol dm^{-3} になるようにバリウムイオンを添加した場合の硫酸イオン濃度を求めよ。

解

　$[Ba^{2+}][SO_4^{2-}] = 1.0 \times 10^{-10}$　なので

　　$[SO_4^{2-}] = 1.0 \times 10^{-5}$ mol dm^{-3}

バリウムイオン添加後

$(1.0 \times 10^{-3})[SO_4^{2-}] = 1.0 \times 10^{-10}$ となるので

　　$[SO_4^{2-}] = 1.0 \times 10^{-7}$ mol dm^{-3} となり，硫酸イオン濃度は低下する。

このように，過剰のバリウムイオンを添加することにより硫酸イオンはほぼ定量的に沈殿する。

3.3.2 共通イオン効果

沈殿を構成しているイオンと共通のイオンを加えると，**イオン積**は大きくなる。しかし，そのイオン積は平衡状態では溶解度積を越えないので，イオン積が溶解度積に等しくなるまで沈殿平衡は沈殿生成の方向へ移動する。このことが**共通イオン効果**と呼ばれる。

3.3.3 沈殿滴定曲線

塩化物イオンを硝酸銀標準溶液で滴定する場合の塩化物イオンと銀イオンの濃度変化を考えてみる。当量点前後の硝酸銀標準溶液のビュレットからの滴下量と p[Cl$^-$] の関係を図3.5に示す。0.1 mol dm^{-3} の NaCl 溶液 50 cm^3 を 0.1 mol dm^{-3} AgNO$_3$ 溶液で滴定した時，滴定開始時は [Cl$^-$] = 0.1 mol dm^{-3} であり p[Cl$^-$] = ($-\log$[Cl$^-$]) は1である。滴定が進むと Cl$^-$ はほとんど AgCl となって沈殿し，Cl$^-$ は加えられた Ag$^+$ に相当する量だけ減少する。この時，沈殿した AgCl から解離した Cl$^-$ が存在するが，当量点付近以外では無視できる。当量点では，AgCl の飽和溶液になるため [Ag$^+$] = [Cl$^-$] = $K_{sp}^{1/2}$ = 1.33 × 10^{-5} になり，p[Ag$^+$] = p[Cl$^-$] = p$K_{sp}^{1/2}$ = 4.88 となる。当量点を過ぎると Cl$^-$ は AgCl の解離によって生じる分だけとなる。

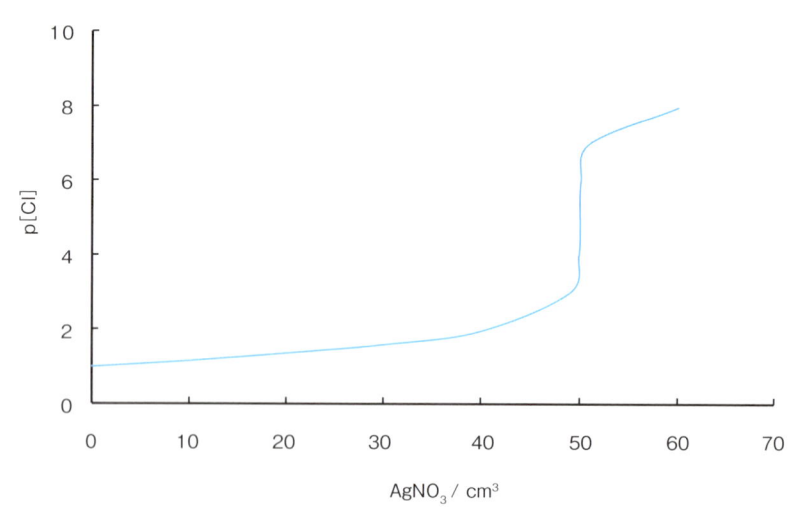

図3.5 0.1 mol dm^{-3} の NaCl 溶液 50 cm^3 を 0.1 mol dm^{-3} AgNO$_3$ 溶液で滴定した滴定曲線

3.3.4　硝酸銀標準溶液の調製

表 2.2 にあるように，乾燥させた塩化ナトリウムを秤取し，一定体積の水に溶かして塩化物イオン**一次標準溶液**を調製する。硝酸銀が光により一部分解している可能性があるために塩化物イオン一次標準溶液で硝酸銀溶液の銀イオン濃度を滴定毎に決定する。新たに銀イオン濃度を決定した硝酸銀溶液を**二次標準溶液**として，試料溶液中の塩化物イオン濃度を決定する。

3.3.5　沈殿滴定における終点決定

(1)　モール法（有色沈殿の生成を利用）

モール法は，Cl^- または Br^- を含む溶液を硝酸銀標準溶液で滴定する時，クロム酸カリウム（$KCrO_4$）を指示薬として用いる方法である。先に示したように，クロム酸銀の溶解度（6.86×10^{-5}）は塩化銀や臭化銀の溶解度（1.33×10^{-5} および 7.0×10^{-7}）より大きい。そのために滴定において，塩化銀や臭化銀の沈殿生成が完全に終了してからしかクロム酸銀は沈殿しない。すなわち，クロム酸銀の沈殿が生じ始める時点を滴定の終点とすることができる。モール法が適用できる pH 範囲は 6.5〜10.5 である。この pH より酸性側ではクロム酸イオンが二クロム酸となりクロム酸銀が沈殿しなくなり，pH 10.5 以上では銀イオンが水酸化銀となって沈殿するからである。

(2)　ファヤンス法（吸着指示薬の利用）

ファヤンス法では，塩化ナトリウム溶液に指示薬としてフルオレセンを添加しておく。塩化ナトリウム溶液を硝酸銀溶液で滴定する場合，滴定途中で生成した塩化銀の一部はコロイドとして存在し，塩化銀コロイド粒子は溶液中に過剰に存在する塩化物イオンをその表面に吸着する傾向を示し，負に帯電する。さらにその外側をナトリウムイオンが吸着してコロイドを安定化している。その状態は式（3-55）のように表せる。

$$(AgCl) \cdot Cl^- \mid Na^+ \quad [塩化物イオンが過剰] \qquad (3-55)$$
第1層　　　第2層

しかし，終点を過ぎて銀イオンが過剰になるとこれらの銀イオンは塩化銀表面

の塩化物イオンを置換してしまう。そのために塩化銀粒子は正に帯電する。その状態は式（3-56）のように表せる。

$$(AgCl) \cdot Ag^+ \mid X^- \quad (X^- は陰イオン)［銀イオンが過剰］ \quad (3-56)$$
　　　　第1層　　第2層

　フルオレセンは弱い有機酸で陰イオンとして存在するので，正に帯電した塩化銀に吸着される。吸着によってフルオレセンは赤色を呈するので，その時点を終点とする。この方法を適用できるpH範囲は，フルオレセンが陰イオンで存在できる7～10である。

3.4　酸化還元平衡と酸化還元滴定

3.4.1　酸化還元反応

　酸化還元反応は，酸化体（Ox）と還元体（Red）との間で起こる反応で，この反応を利用して滴定によりOxまたはRedの濃度を決定する方法が**酸化還元滴定**である。酸化還元反応は**電子移動反応**であり，かつ対となる反応である。すなわち，酸化とはRedが電子を失い，還元とはOxが電子を得る反応であり，酸化と還元は同時に起こる。すなわち，酸化還元反応は，次に紹介する半電池反応の組み合わせである。また酸化還元滴定における滴定曲線（図3.8）は横軸がビュレットからの溶液の滴定量（cm^3）で，縦軸はその滴定量に相当する時の溶液の**酸化還元電位**である。そのために，酸化還元滴定を理解するためには**酸化還元平衡**を理解する必要がある。

3.4.2　半　電　池

　図3.6のように，硝酸亜鉛溶液に金属亜鉛の板（電極）を浸す場合を考える。金属亜鉛（Zn）から亜鉛イオン（Zn^{2+}）が溶出したとすると，電極表面に電子が残り，負を帯びる。溶出したZn^{2+}が電極付近に存在するので，電極界面に**電気二重層**が生じることになる。この現象は

$$Zn^{2+} + 2e^- \rightleftarrows Zn \quad (3-57)$$

と表され，上記反応（**半反応**）がわずかに右から左へ進んだ場合を示している．電荷分離により発生した電子は行く場所がなく，Zn^{2+} は負電荷により移動が制限されるのでやがて上記反応は平衡に達する．このような場合の亜鉛電極と溶液の間に発生する電位（**電極電位**）は測定することができない．このような系を**半電池**と呼ぶ．

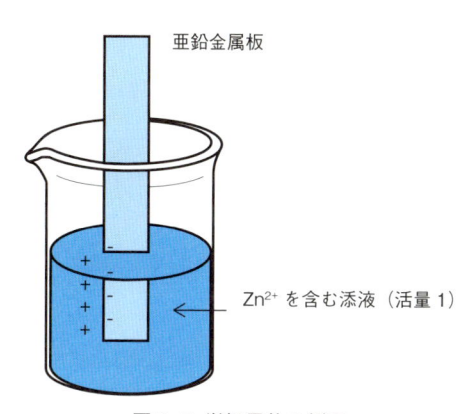

図3.6 単極電位の例図

3.4.3 化学電池（ガルバニセル）

いま，図3.6と同様な半電池を用意する．すなわち，硝酸銅溶液に金属銅を浸したものである．金属銅は金属亜鉛ほど反応活性でなければその半反応は次のように書ける．

$$Cu^{2+} + 2e^- \rightleftharpoons Cu \qquad (3-58)$$

次に，この2種類の半電池を図3.7のように2つの電極を導線で，2つの溶液間を塩橋*で接続すると，**化学電池（ガルバニセル）**となる．電池の構成を図で表わすと，

---

* 両溶液ⅠとⅡの混合を避けるためにⅠ∥S∥Ⅱのように両溶液間に入れる第3の電解質溶液相Sを塩橋という．両側の溶液との液絡部分は多孔質膜となっている．液間電位を小さくする塩橋電解質として KCl，KNO_3，NH_4NO_3 などがある．電解質溶液を寒天でゲル化して流動性を小さくする場合もある．

$$\text{Zn} \mid \text{Zn}^{2+}(1\text{ mol dm}^{-3}) \parallel \text{Cu}^{2+}(1\text{ mol dm}^{-3}) \mid \text{Cu}$$
$$E_\text{i} \quad E_{\text{j}1} \hspace{4em} E_{\text{j}2} \hspace{6em} E_\text{r}$$

になる。E は各境界面に生じる電位である。E_i と E_r は金属－溶液界面における電位であり，$E_{\text{j}1}$ と $E_{\text{j}2}$ は KCl 塩橋の両端に生じた電位である。Zn 電極上にある過剰の電子は，外部の導線を通って Cu 電極に至り，そこで式（3-58）に示すように Cu^{2+} の還元のために消費される。Cu 電極から外部導線を通って電流が流れる。半電池を組み合わせ，電子が移動できる回路を作ることによって酸化と還元の両反応を同時に起こすことができる。この電池の起電力，E_cell は，4 つの電位の代数和（$E_\text{cell} = E_\text{i} + E_{\text{j}1} + E_{\text{j}2} + E_\text{r}$，$E_\text{i}$ と E_r はそれぞれ単極電位である）とみなすことができる。

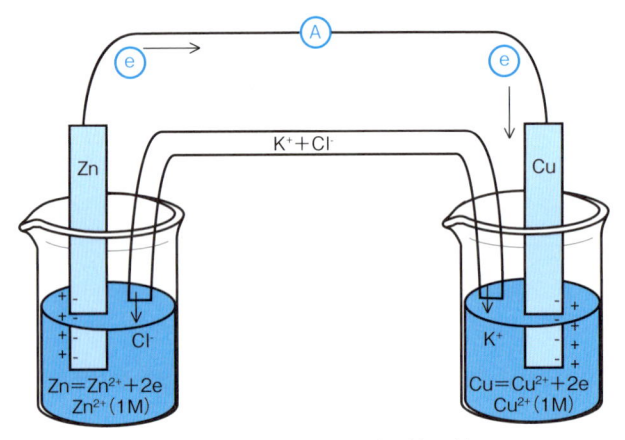

図3.7　ガルバニセル（化学電池）

3.4.4　ネルンストの式

ガルバニセルの電位は，セルの中で反応する各化学種の活量（第6章を参照）に左右される。**ネルンストの式**は金属－金属イオン電極の電位と溶液中のイオンの濃度との関係を表したものである。

$$a\text{A} + b\text{B} \rightleftharpoons c\text{C} + d\text{D} \tag{3-59}$$

反応式（3-59）の自由エネルギー変化は次にように表わされる。

$$\varDelta G = \varDelta G^0 + 2.3\,RT\log\left\{\frac{a_C{}^c a_D{}^d}{a_A{}^a a_B{}^b}\right\} \qquad (3\mathchar`-60)$$

$\varDelta G^0$ は標準自由エネルギー変化で，反応物と生成物がすべて標準状態（活量1の状態）にあるときの自由エネルギー変化である。R は気体定数（8.314 J/deg-mol），T は絶対温度である。電圧 E によってアボガドロ数だけの電子を動かした時に生じる自由エネルギー変化，あるいはこのときなされた仕事は $(N \cdot e)E$ である。ここで，N はアボガドロ数，e は電子の電荷である。$N \cdot e$ は 96500 C（クーロン）で，これを 1 F（ファラデー）で表わす。したがって

$$\varDelta G = -nFE \qquad (3\mathchar`-61)$$

と表すことができる。ここで，n は電子のモル数である。反応式（3-59）で反応物も生成物も標準状態であれば

$$\varDelta G^0 = -nFE^0 \qquad (3\mathchar`-62)$$

となる。したがって式（3-60）に代入すると

$$-nFE = -nFE^0 + 2.3\,RT\log\left\{\frac{[C]^c[D]^d}{[A]^a[B]^b}\right\} \qquad (3\mathchar`-63)$$

となる。ここでは，活量の代わりに濃度を用いている。さらに書き直すと

$$E = E^0 - \left(\frac{0.059}{n}\right)\log\left\{\frac{[C]^c[D]^d}{[A]^a[B]^b}\right\} \qquad (3\mathchar`-64)$$

この形の式が通常用いられるネルンストの式である。平衡においては $E = 0$，$\varDelta G = 0$ であるので，また，式（3-64）中の対数の部分は平衡定数であるので

$$\varDelta G^0 = -2.3\,RT\log K \qquad (3\mathchar`-65)$$

$$E^0 = \left(\frac{0.059}{n}\right)\log K \qquad (3\mathchar`-66)$$

もし2つの酸化還元対の標準電位が既知であれば，この2対の間で起こる酸化還元反応の平衡定数を式（3-66）で見積もることができる。式（3-65）は第6章の式（6-15）と同じである。

3.4.5 酸化還元電位

先に示した半電池反応を一般式で表わすと次のようになる。

$$a\mathrm{Ox} + ne \longrightarrow b\mathrm{Red} \quad (3-67)$$

ここで，Oxは酸化体，Redは還元体，eは電子，nは反応に関与する電子数である。この可逆的な半電池反応の単極電位（半電池を構成する溶液の電位）は以下のネルンストの式で表わされる。

$$E = E^0 + \frac{RT}{nF} \ln \left\{ \frac{[\mathrm{Ox}]^a}{[\mathrm{Red}]^b} \right\} \quad (3-68)$$

E^0は**標準酸化還元電位**，[Ox]と[Red]は酸化体と還元体の溶液中における濃度である。$[\mathrm{Ox}]^a = [\mathrm{Red}]^b$の場合，溶液の単極電位$E$が標準酸化還元電位である。このネルンストの式からわかるように，溶液の単極電位EはE^0と反応に関わる電子数および酸化体と還元体の割合によって決定される。標準酸化還元電位や単極電位などの電位はある基準となる電位からの値である。通常は**標準水素電極**（$2\mathrm{H}^+ + 2\mathrm{e}^- \rightleftarrows \mathrm{H}_2$の半電池反応）の$E^0$を基準にしている。

低い標準酸化還元電位をもつ還元体を含む溶液に，高い標準酸化還元電位をもつ酸化体を含む溶液を加えた場合，低い標準酸化還元電位をもつ還元体は酸化され，高い標準酸化還元電位をもつ酸化体は還元される。その結果，酸化還元電位は前者で増大し，後者で減少する。それぞれの酸化還元電位が等しくなったとき，この反応は終了する。これら2つの酸化還元反応系の標準電位に十分な差が存在する場合，酸化還元反応は定量的に進行する。このように，標準酸化還元電位に大きな差のある組み合わせを選択することにより，種々の化学種の酸化還元反応を利用して定量分析を行うことが可能である。

3.4.6 酸化還元滴定曲線

酸化還元滴定では，ビュレットから滴下した標準溶液の体積に対して電位をプロットすることで滴定曲線を作成することができる。この滴定では当量点の前後で酸化還元電位の大きな変化が観察され，酸塩基滴定の場合と同様に適当な指示薬や滴定曲線に接線を引いて当量点を求めることができる。ここで，Fe^{2+} を Ce^{4+} で滴定した場合を考えると化学反応式は以下のようになる。

$$Fe^{2+} + Ce^{4+} \rightleftarrows Fe^{3+} + Ce^{3+}$$

ただし

$$Ce^{4+} + e \rightleftarrows Ce^{3+} \quad E^0_{Ce} = 1.61 \text{ V}$$

$$Fe^{3+} + e \rightleftarrows Fe^{2+} \quad E^0_{Fe} = 0.77 \text{ V}$$

また，それぞれの単極電位は（3 − 68）より

$$E_{Fe} = E^0_{Fe} + 0.059 \log \left\{ \frac{[Fe^{3+}]}{[Fe^{2+}]} \right\} \quad (3-69)$$

$$E_{Ce} = E^0_{Ce} + 0.059 \log \left\{ \frac{[Ce^{4+}]}{[Ce^{3+}]} \right\} \quad (3-70)$$

当量点での電位 E_{eq} はそれぞれの単極電位の平均 $\{E_{eq} = \frac{1}{2}(E_{Fe} + E_{Ce})\}$ なので

$$E_{eq} = \frac{1}{2} \left\{ E^0_{Fe} + E^0_{Ce} + 0.059 \log \frac{[Fe^{3+}][Ce^{4+}]}{[Fe^{2+}][Ce^{3+}]} \right\} \quad (3-71)$$

また，当量点では $[Fe^{3+}] = [Ce^{3+}]$，$[Fe^{2+}] = [Ce^{4+}]$ であるので，この関係を式（3 − 71）に代入すると，次式のようになる。

$$E_{eq} = \frac{(E^0_{Fe} + E^0_{Ce})}{2} = \frac{(0.77 + 1.61)}{2} = 1.19 \text{ V}$$

ここで，Fe^{2+} 溶液を Ce^{4+} 溶液で滴定した際の滴定曲線を図3.8に示す。当量

点付近で溶液の電位が急激に変化する。この滴定はセリウム滴定とも呼ばれる。

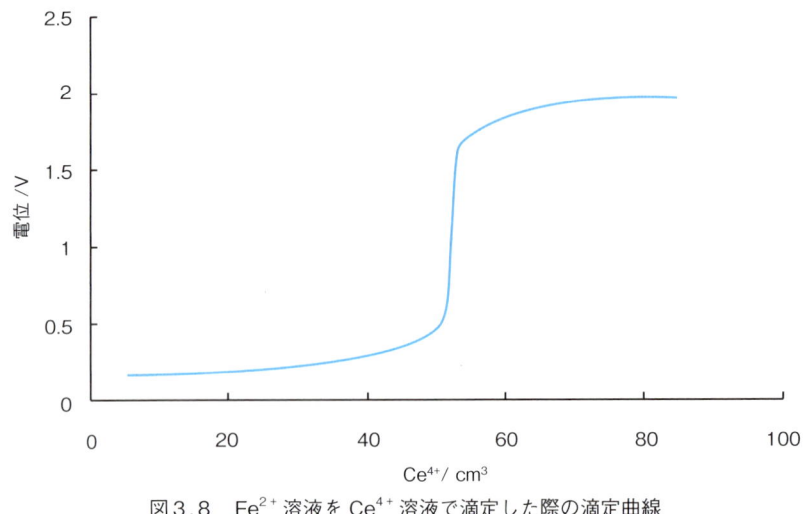

図3.8 Fe^{2+} 溶液を Ce^{4+} 溶液で滴定した際の滴定曲線

3.4.7 酸化還元滴定における当量点決定法

酸化還元滴定法では当量点を決定するために，指示薬を用いずに当量点前後での色の変化で決定する方法と指示薬を用いて決定する方法がある。ここでは**酸化還元指示薬**について述べる。指示薬を用いない方法は次の項で例の中で紹介する。

酸化還元指示薬は，酸化状態と還元状態でそれぞれ異なった色を呈する。酸化還元指示薬の色の変化は溶液の酸化還元電位の変化に依存している。そのことは，以下の化学反応式とネルンストの式で表わされる。

$$Ox_{in} + ne^- \rightleftarrows Red_{in}$$

$$E_{in} = E^0_{in} - \left(\frac{0.059}{n}\right)\log\left\{\frac{[Red_{in}]}{[Ox_{in}]}\right\} \qquad (3-72)$$

ここで添え字 in は酸化還元指示薬を意味する。溶液の電位 E_{in} から溶液中の指示薬の酸化型（Ox_{in}）と還元型（Red_{in}）の濃度比を決定することができる。

したがって，酸塩基指示薬の場合と同様に色の変化を観測するためには濃度比が $1/10 \sim 10/1$ に変化しなければならないとすると，$2 \cdot (0.059/n)$ V となり，指示薬の n が 1 ならば 0.12 V の電位変化が必要となる．この指示薬 E^0_{in} が滴定反応の当量電位に近い場合，そこで 0.12 V 以上の電位変化が生じた際に当量点での色の変化が観察される．指示薬の反応に pH が関与する場合は水素イオンの項の分だけ E^0_{in} の電位が変化する．

3.4.8 酸化還元滴定の応用

(1) セリウム滴定：鉄濃度の決定

重クロム酸カリウムは表 2.2 に示したように容量分析用標準物質である．そこでまず 0.1 mol dm^{-3} K$_2$Cr$_2$O$_7$ 標準溶液を調製する．これを 1 次標準溶液として 0.1 mol dm^{-3} FeSO$_4$(NH$_4$)$_2$SO$_4 \cdot$6H$_2$O 溶液の正確な Fe^{2+} 濃度を決定し，2 次標準溶液とする．これを用いて 0.1 mol dm^{-3} Ce(SO$_4$)$_2 \cdot$(NH$_4$)$_2$SO$_4 \cdot$2H$_2$O 溶液の正確な濃度を決定する．この Ce(Ⅳ) 溶液を標準溶液として濃厚な鉄(Ⅱ)溶液中の Fe^{2+} 濃度を決定できる．特に，高濃度の塩酸中の Fe^{2+} を定量する時に有用な方法である．この場合，酸化還元指示薬としてジフェニルアミンスルホン酸ナトリウム（変色電位：0.85 V，酸化体の色 – 赤紫，還元体の色 – 無色）を用いる．

(2) 過マンガン酸滴定：過酸化水素濃度の決定

シュウ酸ナトリウムは酸化還元滴定用の標準物質（表 2.2 参照）である．まず 0.05 mol dm^{-3} の Na$_2$C$_2$O$_4$ 標準溶液を調製する．これを 1 次標準溶液として 0.02 mol dm^{-3} KMnO$_4$ 溶液の正確な濃度を決定し，2 次標準溶液とする．この滴定の化学反応式は，硫酸酸性下で化学量論的に起こる．

$$5\,C_2O_4^{2-} + 2\,MnO_4^- + 16\,H_3O^+ \longrightarrow 2\,Mn^{2+} + 10\,CO_2 + 24\,H_2O$$

KMnO$_4$ 溶液は濃い紫色である．滴定において溶液が薄いピンク色を呈し (Mn^{2+} の色)，30 秒以上消失しないところを終点とする．

次に過マンガン酸カリウム溶液を 2 次標準溶液として用い，過酸化水素水中の過酸化水素濃度を決定する．その化学反応式は次のようになる．

$$2\,MnO_4^- + 5\,H_2O_2 + 6\,H_3O^+ \longrightarrow 2\,Mn^{2+} + 5\,O_2 + 14\,H_2O$$

この反応は，Mn^{2+}の加水分解とMnO_2への酸化・沈殿反応を避けるために硫酸酸性条件下で行う．

(3) ヨウ素滴定：有効塩素濃度の決定

KIO_3は容量分析用標準物質である．この1次標準溶液を調製する．これに適当量のKIと$9\,mol\,dm^{-3}\,H_2SO_4$を加え，I_2を遊離させる．析出したヨウ素を$0.1\,mol\,dm^{-3}\,Na_2S_2O_3$溶液で滴定し，その正確な濃度を決定し，2次標準溶液とする．指示薬としてデンプンを用いる．

$$KIO_3 + 5\,KI + 3\,H_2SO_4 \longrightarrow 3\,I_2 + 3\,K_2SO_4 + 3\,H_2O$$

$$I_2 + 2\,Na_2S_2O_3 \longrightarrow 2\,NaI + Na_2S_4O_6$$

試料溶液にKIとHClを加え，塩素と当量のI_2を析出させる．この遊離したI_2を$0.1\,mol\,dm^{-3}\,Na_2S_2O_3$標準溶液で滴定し，有効塩素量を求める．

$$Cl_2 + 2\,KI \longrightarrow I_2 + 2\,KCl$$

3.5 キレート滴定と錯生成平衡

3.5.1 キレート試薬

金属イオンと錯形成できる2個以上の配位部位をもつ有機試薬は**キレート試薬**と呼ばれ，生成した錯体は**キレート錯体**という．このキレート試薬を用いて金属イオンの濃度を滴定で決定する方法を**キレート滴定**という．キレート滴定で最も頻繁に用いられるキレート試薬がEDTA・2Na（エチレンジアミン四酢酸二ナトリウム塩，EDTAを部分中和したもの）である．**EDTA**は大部分の2価以上の金属イオンとキレート錯体を生成する．図3.9(a)にEDTAの構造を示す．合わせて金属イオンに配位する6つの原子を青色で表している．すなわちEDTAは6座配位子であり，金属イオンと1：1錯体を生成する．その

代表的な構造を図3.9(b)に示す。キレートとは蟹の爪の意味で，図に示すように環構造を作る。

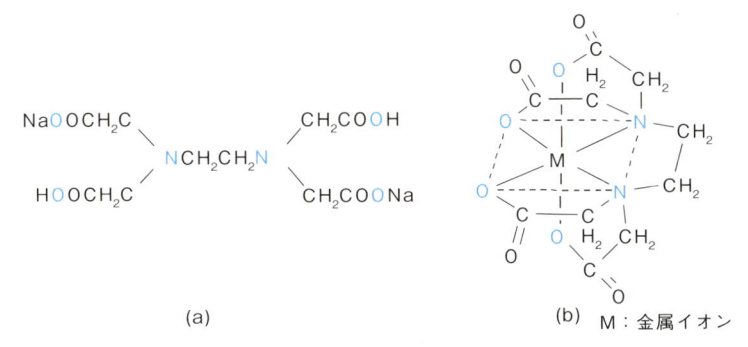

図3.9　EDTAの構造とその金属錯体の構造

3.5.2　錯生成平衡

EDTAはpHに依存して4個のプロトンを段階的に解離するのでH_4Yと表す。溶液中では，H_4Y，H_3Y^-，H_2Y^{2-}，HY^{3-}，Y^{4-}の5種類の化学種が存在する。図3.10にpHと5種類の化学種の存在率との関係を示す。EDTAと金属イオンとの錯形成反応は式（3-73）のように表せる。また，その生成定数は式（3-74）のように表せる。

$$M^{n+} + Y^{4-} \rightleftarrows MY^{n-4} \quad (3-73)$$

$$K_{MY} = \frac{[MY^{n-4}]}{[M^{n+}][Y^{4-}]} \quad (3-74)$$

この時金属イオンと錯形成していないEDTAの濃度を［Y'］とすると

$$[Y'] = [Y^{4-}] + [HY^{3-}] + [H_2Y^{2-}] + [H_3Y^-] + [H_4Y]$$

H_4Yの酸解離反応式と酸解離定数（K_{an}, $n = 0 - 4$）は次のように表すことができる。

$$H_4Y \rightleftharpoons H^+ + H_3Y^- \qquad K_{a1} = \frac{[H^+][H_3Y^-]}{[H_4Y]} = 1.0 \times 10^{-2}$$

$$H_3Y^- \rightleftharpoons H^+ + H_2Y^{2-} \qquad K_{a2} = \frac{[H^+][H_2Y^{2-}]}{[H_3Y^-]} = 2.2 \times 10^{-3}$$

$$H_2Y^{2-} \rightleftharpoons H^+ + HY^{3-} \qquad K_{a3} = \frac{[H^+][HY^{3-}]}{[H_2Y^{2-}]} = 6.9 \times 10^{-7}$$

$$HY^{3-} \rightleftharpoons H^+ + Y^{4-} \qquad K_{a4} = \frac{[H^+][Y^{4-}]}{[HY^{3-}]} = 5.5 \times 10^{-11}$$

$$[Y'] = [Y^{4-}]\left\{1 + \frac{[H^+]}{K_{a1}} + \frac{[H^+]^2}{K_{a1}}K_{a2} + \frac{[H^+]^3}{K_{a1}}K_{a2} \cdot K_{a3} + \frac{[H^+]^4}{K_{a1}}K_{a2} \cdot K_{a3} \cdot K_{a4}\right\}$$

となる。ここで，$á_4$ を Y^{4-} として存在する分率とすると式 (3-75) のようになる。

$$\frac{1}{á_4} = \left\{1 + \frac{[H^+]}{K_{a1}} + \frac{[H^+]^2}{K_{a1} \cdot K_{a2}} + \frac{[H^+]^3}{K_{a1} \cdot K_{a2} \cdot K_{a3}} + \frac{[H^+]^4}{K_{a1} \cdot K_{a2} \cdot K_{a3} \cdot K_{a4}}\right\}$$

(3-75)

$1/á_4$ は pH が決まれば一定の値となる。したがって

$$[Y'] = [Y^{4-}] \cdot \frac{1}{á_4} \qquad (3-76)$$

となる。ある pH での**条件付安定度定数** $K_{MY'}$ は

$$K_{MY'} = \frac{[MY^{n-4}]}{[M^{n+}][Y']} = \frac{[MY^{n-4}]}{[M^{n+}][Y^{4-}]\dfrac{1}{á_4}}$$

$$= K_{MY} \cdot á_4$$

と表すことができる。このように，EDTA の錯形成反応は金属イオンと水素

イオンの競争反応と見ることができる。$1/a_4$ は pH が低いほど（酸性側）大きくなるため，条件付安定度定数は小さくなる。水溶液中におけるキレート生成反応では，主反応と様々な副反応が競合して起こる。このために，主反応がどれだけ副反応の影響を受けているかを定量的に表すために条件付安定度定数を考慮する必要がある。pH に対する K_{MY} の変化を図3.11に示す。

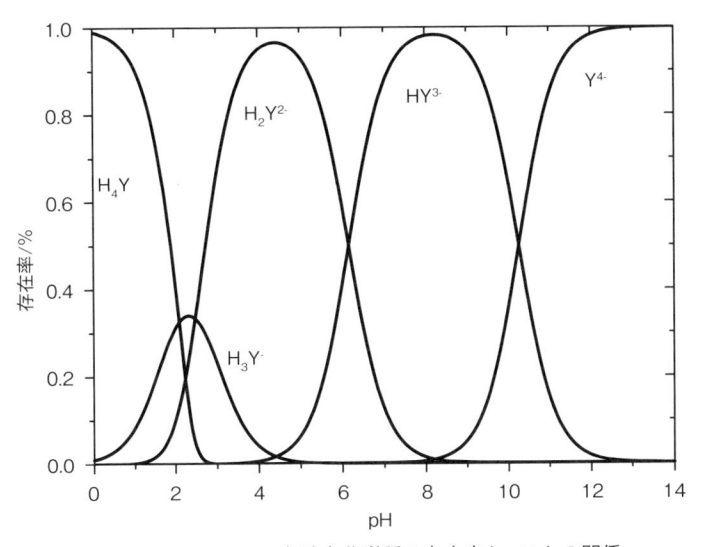

図3.10 EDTA の各溶存化学種の存在率と pH との関係

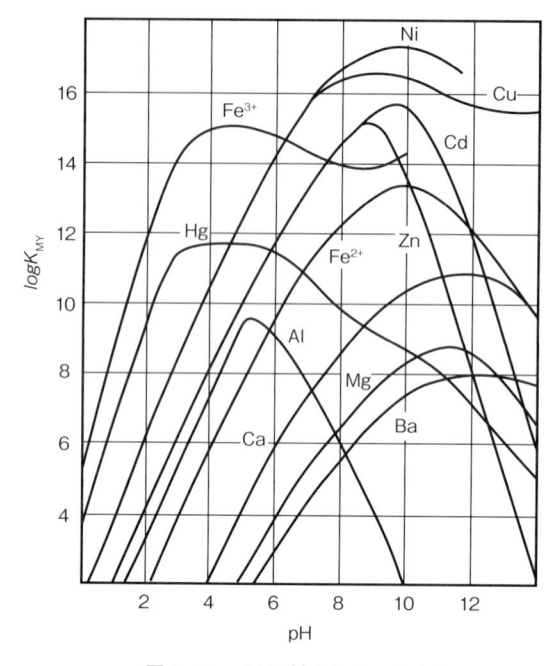

図 3.11　pH に対する K_{MY} の変化

3.5.3　キレート滴定における標準溶液

　キレート滴定では，一般には目的とする金属イオンを含む試料溶液をビーカーまたは三角フラスコに入れ，ビュレットから EDTA 標準溶液を滴下する。しかし，EDTA・2Na は一次標準物質ではないので，濃度既知の金属イオン一次標準溶液で EDTA 溶液の濃度を正確に決定する必要がある。表 2.2 に示したように，キレート滴定の一次標準物質としては金属亜鉛が用いられる。純度 99.99 (9)％の金属亜鉛の表面を酸で溶かして，酸化亜鉛を除去，洗浄，乾燥後天秤で秤取し塩酸に溶かして一次標準溶液を調製する。この一次標準溶液で EDTA 溶液濃度を正確に決定し，二次標準溶液とする。これを標準溶液として試料溶液中の目的金属イオン濃度を決定する。有効数字 4 桁または 5 桁で金属イオン濃度を決定することができるので，市販の金属イオン標準溶液の濃度はキレート滴定で決定している。

3.5.4 キレート滴定曲線

金属イオン M^{n+} を EDTA で滴定する場合を考えてみよう。図 3.12 に 0.01 mol dm^{-3} Zn^{2+} 溶液 50 cm^3 を 0.01 mol dm^{-3} EDTA 溶液で滴定した時の滴定曲線を示す。EDTA を滴下するにつれて M-EDTA 金属錯体が生成し，溶液中の M^{n+} 濃度は減少する。この時 EDTA 溶液の滴下量に対して pM = $-\log[\mathrm{M}]$ をプロットすると滴定曲線が得られる。当量点前では金属イオン濃度は未反応の金属イオン濃度とほぼ等しい。当量点前後で pM が急激に変化する。一般に，生成した M-EDTA 金属錯体が安定であればあるほど，またその時の pH が高いほど，pM の変化は急激である。

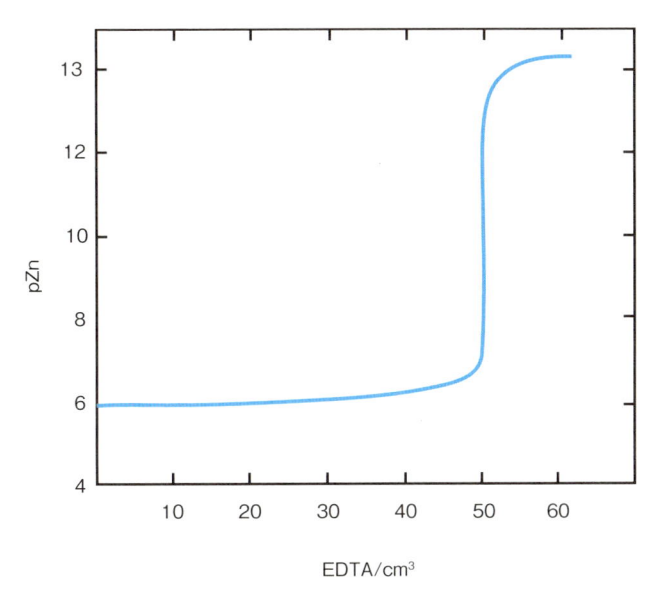

図3.12 濃度 0.01 mol dm^{-3} Zn^{2+} 溶液 50 cm^3 を 0.01 mol dm^{-3} EDTA 溶液で滴定した滴定曲線

3.5.5 金属指示薬による終点決定

金属指示薬は，EDTA よりも金属イオンとの結合が弱い配位子である。金属イオンと結合した時と，結合していない時ではその色が明確に変化する。良く使われる金属指示薬として BT，XO，NN 指示薬などがある。これらの構造

式を図 3.13 に示す。金属指示薬はプロトンと金属イオンを交換して変色するので HIn で表すと

$$\text{HIn} \rightleftarrows \text{H}^+ + \text{In}^-$$

$$\text{M}^{n+} + \text{In}^- \rightleftarrows \text{MIn}^{(n-1)+} \qquad K_{\min} = \frac{[\text{MIn}^{(n-1)+}]}{[\text{M}^{n+}][\text{In}^-]}$$

で表すことができるので

$$\text{pM} = \log K_{\min} + \log\left\{\frac{[\text{In}^-]}{[\text{MIn}^{(n-1)+}]}\right\} \qquad (3\text{-}78)$$

式（3-78）より，50 % の変色率（$[\text{In}^-] = [\text{MIn}^{(n-1)+}]$）では

$$\text{pM} = \log K_{\min}$$

となるので，金属イオンを EDTA で滴定する際は，その当量点に近い $\log K_{\min}$ 値をもつ金属指示薬を選択する。滴定前に試料溶液に少量の金属指示薬 HIn を加えると，金属指示薬は溶液中の一部の金属イオン M^{n+} と結合し錯体 $\text{MIn}^{(n-1)+}$ を生成し，錯体の色を呈する。次に EDTA 溶液で滴定を行うと，EDTA はまず遊離の金属イオンと反応する。その後，当量点付近では遊離の金属イオン濃度が急激に減少，$\text{MIn}^{(n-1)+}$ が解離し，解離した金属イオンと EDTA が反応するため，金属指示薬独自の色を呈する。

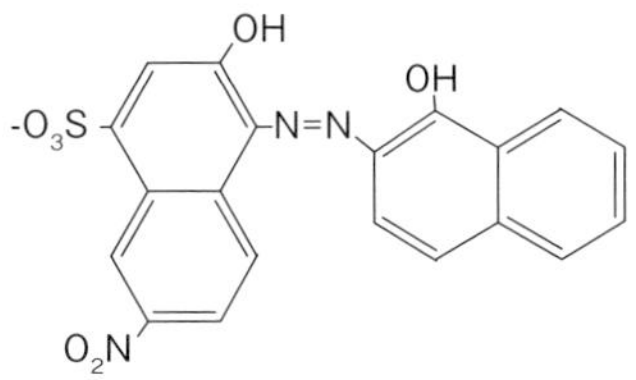

BT指示薬

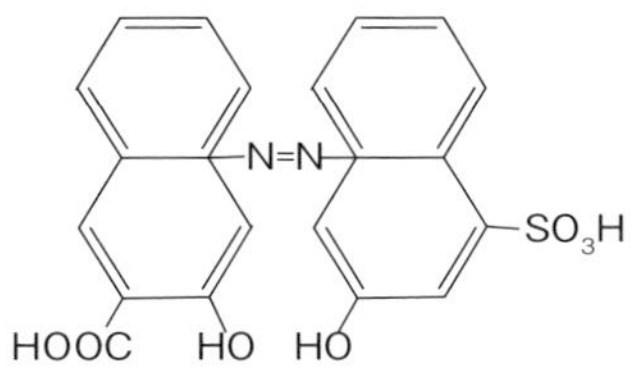

NN指示薬

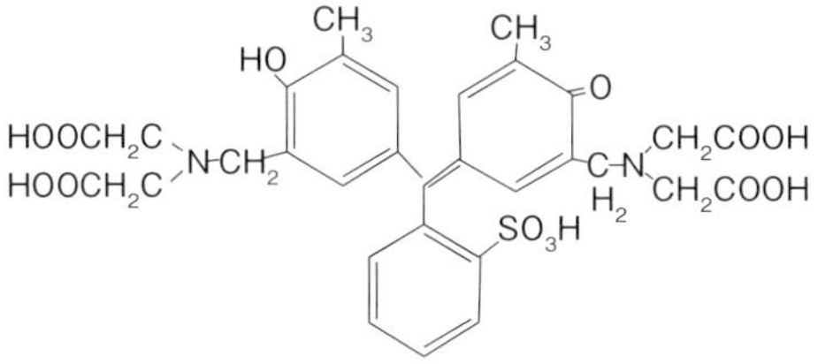

XO指示薬

図3.13　良く使われる金属指示薬 BT，XO，NN の構造

3.5.6　キレート滴定による水の硬度の決定

硬度は飲料水の水質項目の1つである。“水のおいしさ”は何が決めているか？蒸留水の不純物濃度は極めて低いがおいしくない。一方，多くの人が飲んでおいしいと感じる水は川の上流の水や湧水である。これらはミネラルウオーターと呼ばれ，**硬水**であり，Ca^{2+}やMg^{2+}イオンを含んでいる。**水の硬度**は，このCa^{2+}やMg^{2+}の量の合計を$CaCO_3$に換算した濃度（$mg\ dm^{-3}$）として表される。水道水では，300 $mg\ dm^{-3}$以下と定められている。

試料水にNH_3-NH_4Cl緩衝溶液を加え，pH を 10 にする。BT 指示薬を 2 ～ 3 滴加え，EDTA 標準溶液で滴定する。終点の値よりCa^{2+}とMg^{2+}イオンの合計量が求まる。別の試料水に水酸化カリウム溶液を滴下し，pH 12 以上に調整する。これに NN 指示薬 2 ～ 3 滴加え，EDTA 標準溶液で滴定する。終点の値からCa^{2+}イオン量が求まる。この滴定はCa^{2+}イオンとMg^{2+}イオンの分別定量でもある。これは，pH 10 ではCa^{2+}とMg^{2+}が溶存しており，pH 12 以上ではMg^{2+}は$Mg(OH)_2$として沈殿するため，EDTA による滴定で反応できないためである。

演習問題

1) 以下に述べる溶液の pH を求めよ。
   (a) 2.0×10^{-2} mol dm^{-3} 塩酸溶液
   (b) 5.0×10^{-2} mol dm^{-3} 水酸化ナトリウム溶液
   (c) 1.0×10^{-2} mol dm^{-3} 塩酸溶液 3.0 cm^3 と 1.0×10^{-2} 水酸化ナトリウム溶液 2.0 cm^3 を混合して得られる溶液

2) 0.10 mol dm^{-3} 酢酸ナトリウム水溶液 30 cm^3 に 0.1 mol dm^{-3} 酢酸 10 cm^3 を加えた溶液の pH を求めよ。酢酸の酸解離定数は表 3.2 を参照。

3) 1 mol dm^{-3} HNO$_3$ 溶液中で 0.100 mol dm^{-3} Fe^{2+} 溶液 10 cm^3 を 0.100 mol dm^{-3} Ce^{4+} 溶液で滴定するとき当量点での電位を計算せよ。

$$E^0_{\mathrm{Fe^{3+}/Fe^{2+}}} = 0.771, \quad E^0_{\mathrm{Ce^{4+}/Ce^{3+}}} = 1.61$$

4) 20.00 cm^3 の試料溶液中のシュウ酸イオンの濃度を決定するために硫酸酸性中で 0.0100 mol dm^{-3} 過マンガン酸カリウム溶液を用いて滴定を行った結果, 12.00 cm^3 で当量点に達した。試料溶液中のシュウ酸イオンの濃度を決定せよ。

5) 0.100 mol dm^{-3} 塩化ナトリウム標準溶液 50 cm^3 を 0.100 mol dm^{-3} 硝酸銀水溶液 49.9 cm^3 で滴定した際, 溶液中に存在する銀イオンと塩化物イオンの濃度を計算せよ。

6) 0.100 mol dm^{-3} 塩化ナトリウム標準溶液 50 cm^3 を 0.100 mol dm^{-3} 硝酸銀水溶液で滴定する場合, 当量点で赤色のクロム酸銀が沈殿するためには溶液中のクロム酸イオンの濃度をどの程度にすればよいか。

$$K_{\mathrm{spAgCl}} = 1.80 \times 10^{-10}, \quad K_{\mathrm{spAgCrO_4}} = 1.10 \times 10^{-12}$$

7) pH 6, 8, 10 で Y^{4-} として存在する EDTA の濃度分率を計算せよ。

$$K_{\mathrm{a1}} = 1.0 \times 10^{-2}, \quad K_{\mathrm{a2}} = 2.2 \times 10^{-3}, \quad K_{\mathrm{a3}} = 6.9 \times 10^{-7}, \quad K_{\mathrm{a4}} = 5.5 \times 10^{-11}$$

8) マグネシウムイオンと EDTA の安定度定数は 6.76×10^8 である。pH 6, 8, 10 における条件付き安定度定数を計算せよ。

コラム3　滴定で海をつくる

　本章で述べたように，滴定は容量分析で用いる基本的な分析方法である。ビーカーの中で，滴定操作により弱アルカリ性である海水と同じ電解質溶液－ミニ海洋を作ってみよう。

　今から46億年前にできた原始地球における原始大気の組成は，100気圧のH_2O（水蒸気），70気圧のCO_2，1気圧のN_2とHClからなっていた。地球の成長過程で，温度と圧力は水の臨界条件を下回った時，水蒸気は雨となって地表に降り，原始海洋は誕生したが，原始大気中のHClが雨に溶け込んで，約0.5 M HClを含む強酸性の海になった。この強酸性の海は周りの岩石（主に玄武岩で成分はケイ酸塩，たとえばM_4SiO_4）と接触し，激しく反応して中和された結果，NaClを主成分とする，K^+，Ca^{2+}，Mg^{2+}などを含む海水になった。温度が低下し，pHが中性付近に近づくに従って，大気中のCO_2やSO_2の海水への溶解量も増加し，やがて$CaCO_3$や$CaSO_4$として沈殿し，海水中の各イオンの濃度をコントロールするようになり，海の組成は約6億年間変わっていないと言われている。現在の海水の成分を表1に示している。

　まず，ビーカーに玄武岩から由来する金属イオンを含む$MgCl_2$，$CaCl_2$，NaOH，Na_2SO_4，Na_2CO_3，K_2CO_3などの混合溶液を1リットル（L）準備しよう。次に，ビュレットに酸性の海に相当する0.5 M HClを入れ，上からゆっくり滴下する。約0.8 L滴下すると混合溶液中のアルカリ成分が中和され，弱アルカリ性の炭酸塩が溶液中に残る。そこで，HClをもう少し滴下すると，炭酸イオンが反応式(1)により炭酸水素塩となり，溶液中に元々存在していた炭酸塩と緩衝溶液になる。この緩衝溶液の働きで，海水のpHは弱アルカリ性になっている。空気中のCO_2濃度は現在0.3％程度であるので（しかし，人類活動により徐々に上昇している），図2に示すように，海水への溶解度が一定になり，溶液中の全炭酸イオン濃度は一定になる。溶液中のCO_3^{2-}濃度はカルサイトの溶解に左右されるため，海水のpHは約8.2の一定の値になっている。

$$Na^+ + H^+ + CO_3^{2-} \longrightarrow NaHCO_3 \qquad (1)$$

図1 滴定装置と条件

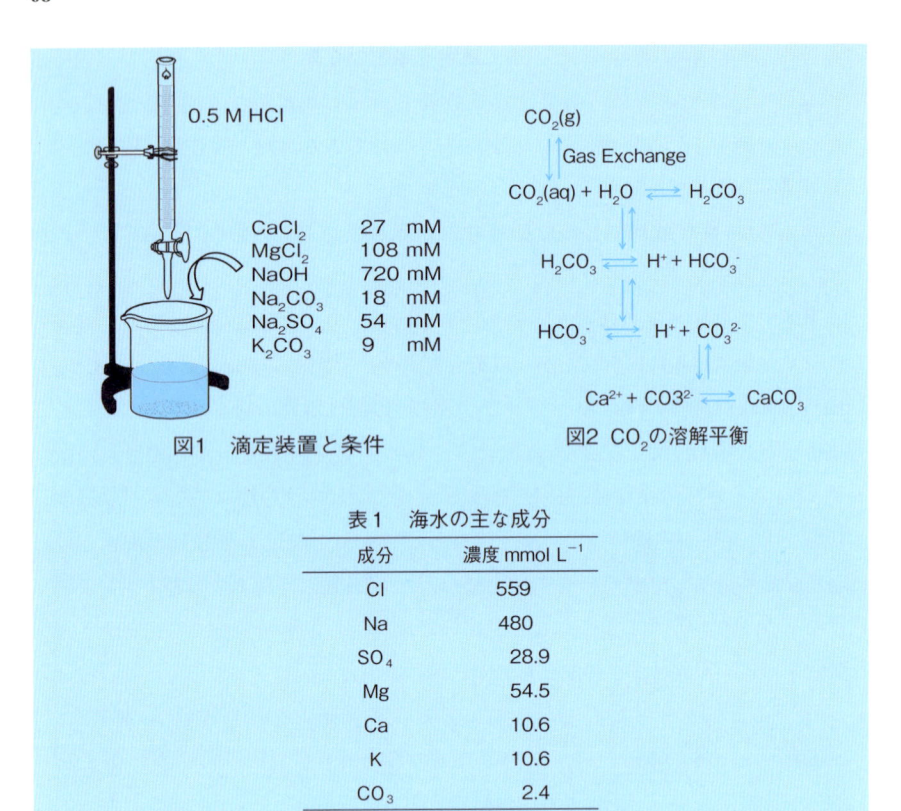

0.5 M HCl

$CaCl_2$	27	mM
$MgCl_2$	108	mM
NaOH	720	mM
Na_2CO_3	18	mM
Na_2SO_4	54	mM
K_2CO_3	9	mM

図2 CO_2の溶解平衡

$CO_2(g)$
↕ Gas Exchange
$CO_2(aq) + H_2O \rightleftharpoons H_2CO_3$
$H_2CO_3 \rightleftharpoons H^+ + HCO_3^-$
$HCO_3^- \rightleftharpoons H^+ + CO_3^{2-}$
$Ca^{2+} + CO_3^{2-} \rightleftharpoons CaCO_3$

表1 海水の主な成分

成分	濃度 mmol L^{-1}
Cl	559
Na	480
SO_4	28.9
Mg	54.5
Ca	10.6
K	10.6
CO_3	2.4

第4章
定量分析データの取り扱い方とデータのもつ意味

　濃度を決定する定量分析を行う場合，試料の量が1回の測定分しかないような場合を除いて，通常繰り返し測定を行う。それは1回の測定だけでは得られた濃度が正しいかどうか不安だからである。そしてしばしばその複数個のデータの平均値を分析結果（ある意味で真の値）として取り扱ってきた。ここでは，繰り返し測定により得られた複数個のデータを統計学の手法で取り扱い，主観的ではなく客観的に分析値の信頼性を定量的表現によって裏付ける手法を学ぶ。

4.1　正確さと精度

　しばしば我々は「正確な分析」とか「精度の良い分析」と言い，この2つの言葉を同じ意味と考えている人が多いのではなかろうか。この言葉の違いを理解するために滴定データを見てみよう。いま，4人の技術者（Ⅰ～Ⅳ）がそれぞれ $0.1\ mol\ dm^{-3}$ の NaOH 溶液標準溶液で約 $0.1\ mol\ dm^{-3}$ の HCl $10\ cm^3$ を滴定した。各技術者は5回同じ滴定を繰り返し，表4.1のようなデータを得た。この4人のデータをヒストグラムにしたものを図4.1に示す。今，仮に HCl の真の滴定量を $10.00\ cm^3$ としよう。技術者Ⅰのデータには2つの重要な特徴がある。5回の滴定値が非常に近い値であること，5回の滴定値が真の値よりすべて大きいことの2つである。技術者ⅡはⅠと全く対照的で，5つの滴定値の平均値は $10.01\ cm^3$ で真の値に近い。しかし，滴定値は広い範囲に広がっている。技術者Ⅲの滴定値は広い範囲に広がっているとともに平均値が $9.90\ cm^3$ と真の値からずれている。技術者Ⅳは滴定値が真の値近くでかつ範囲が狭く，また平均値は $10.01\ cm^3$ と真の値に近い。この4人の技術者の測定回

数を無限大に拡張すると、図4.2のような分布になる。この分布から2つの特徴が読みとれる。すなわち、滴定値が広い範囲にばらつくか（分布曲線のピーク幅が広い）、狭い範囲に分布するか（分布曲線のピーク幅が狭い）、滴定値の平均値（分布曲線のピークの位置）が真の値に近いか、離れているかである。ピーク位置は分析の"正確さ"に関係する。ピーク幅は分析の"精度"に関係するもので、正確さとは無関係である。その観点から眺めると、技術者Ⅰのデータは「精度は良いが、正確さに劣る」、Ⅱは「正確さは良いが精度が悪い」、Ⅲは「正確さも精度も劣る」、Ⅳは「正確さも精度も良い」と言える。

　分析化学では真の値を求めることを目的とするかのように考えている人が少なからずいる（高校生まではそうであった）が、真の値とは"神のみぞ知る"で、思考上の抽象的概念であり、人間が知ることができないものである。分析化学では、ある量の不確かさが、比較に用いている他の量の不確かさより小さいと判断された場合、その量の真の値が得られたものとして処理するのが慣例である。すなわち、得られた測定結果を統計学の手法で定量的なデータとし、測定の限界から判断して正しくないような解釈を避け、かつ正しい結論を引き出すにはどのようにすればよいかを学ぶことが重要である。これは自然科学研究の全般にわたって言えることである。とは言っても、長年の経験から正しく操作された化学分析から得られる分析値は、真の値に近いものであると仮定できる。

表4.1　滴定結果

技術者	結果	正確さと精度	技術者	結果	正確さと精度
Ⅰ	10.08	精密であるが不正確	Ⅱ	9.88	正確であるが不精密
	10.11			10.14	
	10.09			10.02	
	10.10			9.80	
	10.12			10.21	
Ⅲ	10.19	不正確かつ不精密	Ⅳ	10.04	正確かつ精密
	9.79			9.98	
	9.69			10.02	
	10.05			9.97	
	9.78			10.04	

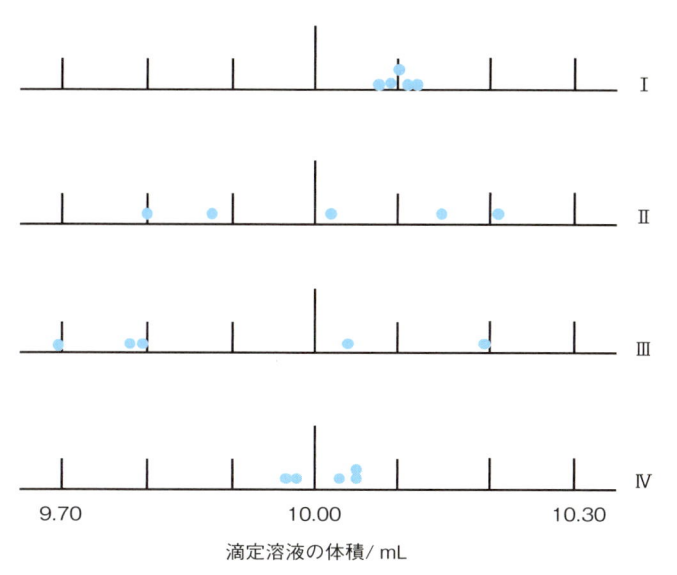

図4.1　表4.1中の4人の技術者のデータのヒストグラム図

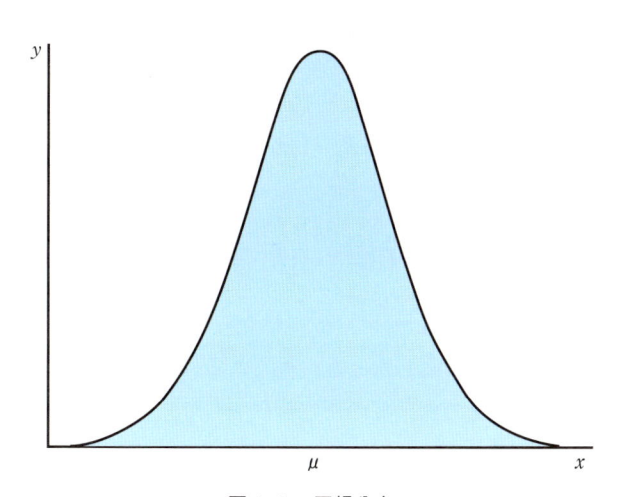

図4.2　正規分布

$$y = \exp\frac{\left\{\dfrac{-(x-\mu)^2}{2\sigma^2}\right\}}{\sigma(2\pi)^{\frac{1}{2}}}$$

4.2　偶然誤差と系統誤差

　すべての測定値は必ず誤差を含む。**誤差**という概念は，分析化学では"真の値との差"である。図4.1の技術者の分析値について眺めてみると，全く異なる2種類の誤差が生じていることがわかる。1つは個々の滴定値が平均値の両側にばらついている。この差は**偶然誤差**と呼ばれ，実験の精度に関係する誤差である。これは原因が特定しにくく，不規則に生じるもので電気信号の突然のノイズ，建物の振動や実験者の疲労による不注意などが考えられる。2つ目は，すべての滴定値が真の値より同じ方向（この場合は真の値より大きい）に偏っている。これは**系統誤差**と呼ばれ，実験の正確さに関係する誤差である。この誤差は測定のあらゆる状況を検証すれば知ることができる可能性がある。この誤差の原因として，ビュレットの補正が不完全，指示薬の色の変化の判断（BT指示薬の場合の完全に青味がかったときを終点とする），試薬が不純，沈殿の溶解度が小さくない，滴定中におこる副反応などが例としてあげられる。

　偶然誤差は，注意深く実験操作を繰り返し行うことによって最小にできるが，決して除くことはできない。系統誤差は，実験技術や装置を注意深く検討することによって除くことが可能であり，最大限そうしなければ不正確な分析（精度は良いが真の値からずれた分析）になる。

4.3　繰り返し測定で得られた有限個の測定値の意味

　ある化学分析で，繰り返し測定で得られた有限個の測定値を"**試料**"と呼び，その測定を無限回繰り返したときに得られるはずの仮想的な測定値の集団を"**母集団**"と呼ぶ。その無限個の測定値に関して，横軸に測定値，縦軸にその測定値が現れる回数（頻度）をプロットすると図4.2に示すような**正規分布曲線**になる。正規分布をなす母集団を**正規母集団**と呼ぶ。正規分布曲線は式（4-1）のように書ける。

$$y = \exp\frac{\left\{\dfrac{-(x-\mu)^2}{2\sigma^2}\right\}}{\sigma(2\pi)^{\frac{1}{2}}} \qquad (4-1)$$

正規母集団の性質は，分布の中心を示す**母平均**（μ）と分布の広がりを示す**母標準偏差**（σ）によって表される。曲線は μ のまわりに対称であり，σ の値が大きいほど曲線の広がりは大きい。そして μ と σ の値がどんな値であっても，母集団の約 68 % は平均から $\pm 1\sigma$ 以内にあり，約 95 % は平均から $\pm 2\sigma$ 以内にあり，約 99.7 % は平均から $\pm 3\sigma$ 以内にある。

分析化学におけるデータ処理の目的は，母集団からランダムに抽出された試料（繰り返し測定で得られた有限個の測定値）を用いて，元の母集団の性質をある確率で推定し，さらに他の母集団の性質と比較することである。その場合，2つの正規分布曲線の母平均と母標準偏差をそれぞれ比較すればよい。繰り返し測定して得られた有限個の測定値が常に正規分布するということを証明することはできないが，一般にこの仮説は近似的に正しいと考えて良い証拠が数多くある。

4.4　統計量の定義と計算

4.4.1　平　均　値

一連の同一測定を繰り返して得られた n 個の測定値 x_i（$i = 1, 2, \cdots n$）の平均である試料平均値（A）は

$$A = \frac{\sum x_i}{n} \qquad (4-2)$$

n が十分に大きな値 N となると母平均 μ が与えられる。

$$\mu = \frac{\sum x_i}{N} \qquad (4-3)$$

4.4.2　偏差平方和と分散

個々の測定値 x_i と試料平均値 A との差を**偏差**と呼び，偏差の 2 乗の和を**偏差平方和**と呼び S で表す。

$$S = \Sigma (x_i - A)^2 \qquad (4-4)$$

偏差平方和を測定値の数 n または N で割った値はそれぞれ**試料分散**（σ_s^2）および**母分散**（σ^2）と言う。

$$\sigma_s^2 = \frac{\Sigma (x_i - A)^2}{n} \qquad (4-5)$$

$$\sigma^2 = \frac{\Sigma (x_i - A)^2}{N} \qquad (4-6)$$

4.4.3 不偏分散

偏差平方和を自由度 $\phi = (n-1)$ で割った値を**不偏分散** V と言う。

$$V = \frac{\Sigma (x_i - A)^2}{(n-1)} \qquad (4-7)$$

繰り返しの測定回数を"試料の大きさ"と呼び，n で表す。N 個の試料の自由度は n であるが，n 個の試料の和または平均値を計算すると，そのために自由度は1つ失われる。不偏分散の計算には試料の平均値が使われるために自由度は $(n-1)$ となる。

4.4.4 標準偏差と変動係数

母分散 σ^2 の平方根 σ を**母標準偏差**，不偏分散 V の平方根 $V^{1/2}$ を**試料標準偏差**と言う。$(V^{1/2})/A$ を百分率であらわしたものが相対標準偏差または変動係数と言う。

4.4.5 範　囲

繰り返し測定で得られた測定値の最大値と最小値の差を**範囲**と言う。

4.5 棄却検定

繰り返し測定で得られた測定値のうち，いくつかが他の値に比べて著しく大きかったり小さかったりする場合がある。そのような値を同一母集団に属することが疑わしいという意味で"疑わしい値"と呼ぶ。これらを除外するかしないかで平均値が変わってくる。すなわち，真の値からずれる可能性がある。このような値を直感的に除外したり除外しなかったりするのではなく，統計学的に検定することができる。ここでは，**Qテスト**を紹介する。他に**4d法**やGrubbsの方法がある。4d法は良いデータが過度に捨てられる欠点がある。

Qテストの例

ある沈殿の重さを電子天秤で5回測定した。得られた繰り返し測定値は，(1) 0.1015，(2) 0.1012，(3) 0.1020，(4) 0.1016，(5) 0.1014 であった。この5測定値から 0.1020 を捨てて良いかどうかを検定する。

(1) |(疑わしい値) − (最近接値)|/(範囲) を計算する。すなわち

$$Q = \frac{|(0.1020) - (0.1016)|}{0.0008} = 0.5$$

(2) Q値とQテスト表4.2の値（測定回数が5回）とを比較してQ値が表の値 $Q_{0.90}$ よりおおきければ疑わしい値を捨てる。

(3) $Q = 0.5 < Q_{0.90} = 0.64$ であるので90％の確率で棄却しないでよいと判断できる。

表4.2 Qテストの表

測定回数	$Q_{0.90}$	測定回数	$Q_{0.90}$
3	0.90	7	0.51
4	0.76	8	0.47
5	0.64	9	0.44
6	0.56	10	0.41

$Q_{0.90}$：90％の信頼限界

4.6 母平均の信頼限界

　有限個の繰り返し測定値は，ある母集団から抽出した有限個の測定値と考えられる。この有限個の測定値を基に，実験的平均値 A を中心としたある範囲内に母集団平均値 μ が入ってくる確率を見積もることができる。一方，分析化学におけるデータ処理では，まず適当に確率を決め，A の両側にどのくらいの幅をとればその中に μ が含まれることが保証されるかを検討する。統計学的には系統誤差がなければこの母集団の平均値 μ が求める真の値と考えられる。

　未知の母集団から抽出した有限個の試料に基づいて予測を立てる問題に対するスチューデントの理論によれば

$$\pm t = \frac{(A-\mu)\cdot n^{1/2}}{V^{\frac{1}{2}}} \quad (4-8)$$

ここで，t はスチューデントの t と呼ばれるもので，表 4.3 で示すものである。式（4-8）を書き換えると

$$\mu = A \pm \frac{t\cdot V^{1/2}}{n^{1/2}} \quad (4-9)$$

また，$t/n^{1/2}$ を係数 a とすると式（4-9）は式（4-10）のように書ける。

$$\mu = A \pm a\cdot V^{1/2} \quad (4-10)$$

式（4-10）を用いて母平均 μ の**信頼限界**を求めるには，(1) n 個の測定値の平均 A と試料標準偏差 $V^{1/2}$ を求める，(2) 表 4.4 の係数 a を用い，真の値は式（4-10）のようになると判断する。この仮説が 5% または 1%（95% または 99% の確率）の有意水準で正しいと考える。

　複数の技術者が同一の測定をしたときに違いがあるかどうか，あるいは，同一試料を違う方法で測定した時に違いがあるかどうかを判定する**有意差検定**もしばしば行われる。検定に必要な表の値は統計学の教科書を参考にしてください。

表4.3 スチューデントの t の値

測定回数 n	自由度 $(n-1)$	確率水準 90 %	95 %	99 %
2	1	6.314	12.706	63.66
3	2	2.920	4.303	9.925
4	3	2.353	3.182	5.841
5	4	2.132	2.776	4.604
6	5	2.015	2.571	4.032
7	6	1.943	2.447	3.707
8	7	1.895	2.365	3.500
9	8	1.860	2.306	3.355
10	9	1.833	2.262	3.250
11	10	1.812	2.228	3.169

表4.4 信頼限界を求めるための係数 a

測定回数 n	係数 a の値 確率水準 95 %	確率水準 99 %
3	2.49	5.73
4	1.59	2.92
5	1.24	2.06
6	1.05	1.65
7	0.92	1.40
8	0.84	1.24
9	0.77	1.12
10	0.72	1.03

演習問題

1) 河川水中の亜硝酸イオンの濃度測定について、次の7つの値が得られた。単位は mg dm^{-3}

(1) 0.403, (2) 0.410, (3) 0.401, (4) 0.380, (5) 0.400, (6) 0.412, (7) 0.411

この中で 0.380 は疑わしい。95 % の確率水準で棄却すべきかどうかを判定せよ。

ただし、$Q_{0.95}$ の値は表の通りである。

測定回数 (N)	$Q_{0.95}$		
N = 4	0.831	N = 8	0.524
N = 5	0.717	N = 9	0.492
N = 6	0.621	N = 10	0.464
N = 7	0.570		

(2) (1)の棄却検定の結果に基づき、(1)の測定値について、真の値の信頼限界を 95 % の確率水準で求めよ。

コラム4　元素の化学状態と毒性

　一般的に毒性とは「化学物質などの環境要因が生体に対して有害な反応を引き起こす性質」と定義されている。つまり、生物の組織中に入って、組織を破壊し、正常な働きを妨害し、さらに、死に至らせる性質を言う。化学では、同じ元素でも存在する化学状態により毒性を示すものや毒性の程度が異なる面白い元素がある。

クロム (Cr^{6+})

　微量のクロムは糖やコレステロール代謝に不可欠なため、生物にとって必須微量元素になっている。クロムの単体、あるいは三価のクロム (Cr^{3+}) には毒性が知られていない。しかし、六価のクロム (Cr^{6+}) は極めて強い毒性を持ち、二クロム酸カリウム ($K_2Cr_2O_7$) の人での致死量は 0.5〜1.0 g と言われている。強い酸化性を持つため不安定で、皮膚や粘膜につくと、細胞内のチオール基 (−SH) を含むタンパク質と酸化還元反応を起こし、タンパク質の変性を起こす。さらに、酸化還元反応の途中でできる五価のクロム (Cr^{5+}) も DNA を切断する作用があることがわかっているので、発がんの原因になるとも言われている。

ヒ　素

　ヒ素の毒性はその化学形態と密接な関係がある。一般的にヒ素の毒性は有機ヒ素より無機ヒ素のほうが強く、その中でも亜ヒ酸塩 (As^{3+}) が最も強いと言

われている．3価の無機ヒ素は生体細胞酵素の活性部分に存在するチオール基（-SH）と高い親和性をもち，酵素の活性を阻害し，強い生体毒性を示す．亜ヒ酸の人間に対する毒性は強く，最低致死量は体重1 kg当たり0.4 mgである．これに比べて，5価のヒ素はSHとの親和性が弱いので毒性は弱いと考えられている．しかし，ヤギやヒツジなどの草食動物では，ヒ素が欠乏すると発育障害が起こすことから，生物に対して，ヒ素は必須な元素の可能性も考えられている．食品の中のヒ素はほとんど有機ヒ素の状態で存在しているから，人間がそれを摂取しても代謝で体外に排出するので中毒しない．日本人が好むヒジキには1000 ppmのヒ素が含まれているが，ヒジキを食べて死んだという話は聞いたことはない．

水 銀

水銀は室温で唯一の液体金属元素で，空気中で気化しやすい．存在状態としては，単体水銀，無機イオン型の水銀化合物と有機化合物中の炭素と水銀が直接結合した有機水銀化合物がある．これらの化合物は，生体内や環境中でお互いに変化するため，存在状態によって生物内での代謝や毒性が異なる．液体の金属水銀は弱い毒性を持つにとどまるが，水銀蒸気や塩，有機水銀化合物の毒性は高く，摂取，吸入や摂食すると，脳や肝臓に障害を与えるとされている．無機水銀はチオール基（-SH基）と高い親和性をもっており，酵素などの生体内生理活性物質中に含まれるシステインのSH基と強く結合し機能を破壊する．有機水銀の毒性は強い，特に，メチル水銀は極めて脂溶性が高いために細胞膜を通過しやすく，腸管吸収率も高くて，体内の様々な組織まで分布され，さらに蓄積されると言われている．例えば，ジメチル水銀は数分の1 mLでも死に至る神経毒である．日本で大きな被害を出した水俣病はメチル水銀による中毒性中枢神経疾患であり，主要な症状としては，四肢末端優位の感覚障害，運動失調，症状が重篤なときは狂騒状態から意識不明になり，さらに死亡したりする場合もある．

第5章
分離分析

5.1 分離分析の必要性

　地球の資源が有限であるという事実が21世紀になり現実の経済に影響するような時代が訪れ，元素リサイクル時代が到来する。すなわち混合物の中から必要とする元素を選択的に抽出し，再利用することが求められる。一方，地球環境問題も深刻さを増し，特に環境ホルモンに代表されるように微量有機物質の環境影響を監視することが重要になってきている。これについても分離／質量分析（GC-MSやLC-MS）の重要性が高まってきている。さらに，元素の環境影響評価において全濃度だけではなく，**化学状態分析**が求められる時代がすぐそこまで来ている。たとえば，酸性雨によるアルミニウムの毒性に関して，無機態のアルミニウムアクアイオンやその加水分解物，特にケギン型13量体の毒性が強いが，錯体になると毒性がかなり低くなることが生理学分野で明らかにされている。この場合も，イオン，加水分解種と錯体などの化学形態別の**分離分析**が必要である。この章では，実試料分析で必ず必要となる分離分析の基礎として**溶媒抽出**および**カラムクロマトグラフィー**について分離機構を中心に学ぶ。

5.2 溶媒抽出

　特定の有機物，キレート錯体やイオン対を含む水相に水と混じらない有機溶媒を加えてよく振ると有機物，キレート化合物や電荷をもたないイオン対は有機相へ移行し，分離される。これは溶解度の差を利用した分離であり，溶媒抽出と呼ばれる。よく用いられる有機溶媒はエーテル，ジクロロメタン，クロロ

ホルム,酢酸エチル,ベンゼンなどである。しかし,グリーンケミストリーの立場から環境に悪影響を及ぼす上記有機溶媒の使用は避けられる傾向にある。

5.2.1 分配係数

水に溶解しない有機溶媒と水との2相に溶質Sを加えると,この溶質は一定の割合で両相に溶け(分配され),ある温度で平衡に達したとき,その濃度比はSの量に関わらず一定となる。

$$K_D = \frac{[S]_{org}}{[S]_w} \qquad (5-1)$$

ここで,K_D は**分配係数**,$[S]_{org}$ および $[S]_w$ はSの有機相中および水中での濃度である。分配係数は,2つの溶媒の組み合わせで決定される定数であり,Sの2つの溶媒への飽和溶解度比になる。分配係数は物質により異なるので,この差を利用して溶質を分離し,また抽出率の高い溶媒を用いてより濃度の高い溶液を得ることも可能である(濃縮)。

5.2.2 分配比と抽出率

分配係数は単一の化学種の分配を表すものである。ある物質Sについて溶液中で複数種類の化学種が存在する場合(例えば逐次金属錯体など),その元素が量的にどちらの相に多く存在するかを知りたい場合がしばしばある。この場合,両相における物質の総濃度の比を用いる。これを**分配比**と呼ぶ。

$$D = \frac{有機相中の溶質Sの総濃度}{水相中の溶質Sの総濃度} \qquad (5-2)$$

ここで,D が分配比である。Sのある特定の化学種 S_i に着目するとその分配は分配係数 K_{D,S_i} によって決まる。つまり,1つの化学種のみが存在するような単純な系では,式(5-3)に示すように分配比は分配係数と等しくなる。

$$K_{D,S_i} = \frac{[S_i]_{org}}{[S_i]_w} \qquad (5-3)$$

ある溶質を体積 V_w の水相から体積 V_org の有機相へ抽出した場合，水相での溶質の総濃度を C_w，有機相での溶質の総濃度を C_org とすると抽出率 E_x（％）は式（5-4）のように表される。

$$E_\mathrm{x} = \frac{C_\mathrm{org} \cdot V_\mathrm{org}}{C_\mathrm{org} \cdot V_\mathrm{org} + C_\mathrm{w} \cdot V_\mathrm{w}} \times 100$$

$$= \frac{100\,D}{D + \dfrac{V_\mathrm{w}}{V_\mathrm{org}}} \quad (5\text{-}4)$$

5.2.3 金属イオンの抽出

たとえば海水中の微量金属イオンを定量したい場合，機器分析を行う準備として濃厚電解質から金属イオンを分離する必要がある。金属キレート生成を利用した金属イオンの分離は，溶媒抽出の最も重要な分析化学への応用の1つである。電気的に中性の金属キレートを生成し，かつその金属イオンの配位座がすべてキレート配位子によって占められれば，抽出率は極めて大きくなる。

一般にキレート試薬は水に溶けにくく，有機溶媒に良く溶けるので，有機溶媒に溶解し，金属イオンを含む水溶液と混合，振とうし，抽出する。ここでは，金属イオン M^{n+} をキレート試薬 HL を溶解させた有機溶媒によって抽出する場合を取り扱う。この金属キレート抽出平衡の取り扱いを簡単にするために次の2つの仮定が必要である。(1)キレート試薬が金属イオンに比べて大過剰の場合有機相中では金属イオンはすべてキレート錯体 ML_n として存在する。(2)キレート錯体 ML_n の分配係数が非常に大きい場合は，水相中のキレート錯体濃度は無視できる。この場合，水相中に存在する金属イオン化学種は水和イオン M^{n+} のみである。この抽出系の概念図を図5.1に示す。まず，キレート試薬 HL の分配係数 $K_\mathrm{D,HL}$ は

$$K_\mathrm{D,HL} = \frac{[\mathrm{HL}]_\mathrm{org}}{[\mathrm{HL}]_\mathrm{w}} \quad (5\text{-}5)$$

金属キレート錯体 ML_n の分配係数 $K_{\mathrm{D},\mathrm{ML}_n}$ は

$$K_{\mathrm{D, ML}_n} = \frac{[\mathrm{ML}_n]_{\mathrm{org}}}{[\mathrm{ML}_n]_{\mathrm{w}}} \tag{5-6}$$

キレート試薬 HL の解離定数 K_a は

$$K_\mathrm{a} = \frac{[\mathrm{H}^+][\mathrm{L}^-]}{[\mathrm{HL}]} \tag{5-7}$$

金属キレート錯体の全生成定数 β_n は

$$\beta_n = \frac{[\mathrm{ML}_n]}{[\mathrm{M}^{n+}][\mathrm{L}^-]^n} \tag{5-8}$$

この抽出系における金属イオンの分配比 D は

$$D = \frac{[\mathrm{ML}_n]_{\mathrm{org}}}{[\mathrm{M}^{n+}]_{\mathrm{w}}} \tag{5-9}$$

式（5-9）に式（5-6）から式（5-8）を代入して整理すると

$$D = \frac{K_{\mathrm{D, ML}_n} \cdot \beta_n \cdot K_\mathrm{a}^n \cdot [\mathrm{HL}]_{\mathrm{org}}^n}{K_{\mathrm{D, HL}}^n \cdot [\mathrm{H}^+]^n} \tag{5-10}$$

式（5-10）における定数をまとめて

$$K_{\mathrm{ex}} = \frac{K_{\mathrm{D, ML}_n} \cdot \beta_n \cdot K_\mathrm{a}^n}{K_{\mathrm{D, HL}}^n} \tag{5-11}$$

式（5-11）を式（5-10）に代入して整理すると

$$D = \frac{K_{\mathrm{ex}} \cdot [\mathrm{HL}]_{\mathrm{org}}^n}{[\mathrm{H}^+]^n} \tag{5-12}$$

となる．したがって，金属イオンの分配比は有機相におけるキレート試薬濃度と水相の pH に依存する．式（5-12）の両辺の対数をとると

$$\log D = \log K_{ex} + n\log[\mathrm{HL}]_{org} + n\mathrm{pH} \qquad (5-13)$$

式 (5-13) に関して, 有機相中のキレート試薬濃度が一定の場合の分配比とpHとの関係およびpHが一定の場合の分配比と有機相中のキレート濃度との関係をそれぞれ図5.2に示す。前記した仮定が成り立つ条件では直線関係となる。

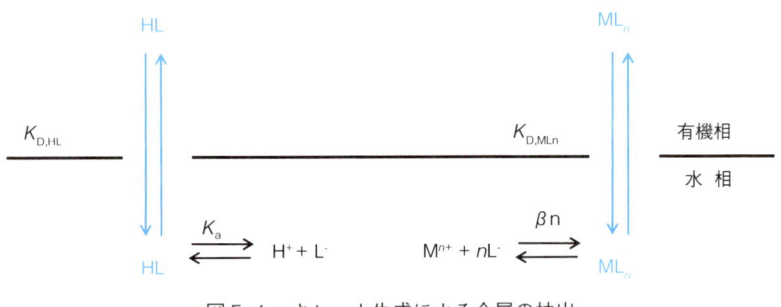

図5.1 キレート生成による金属の抽出

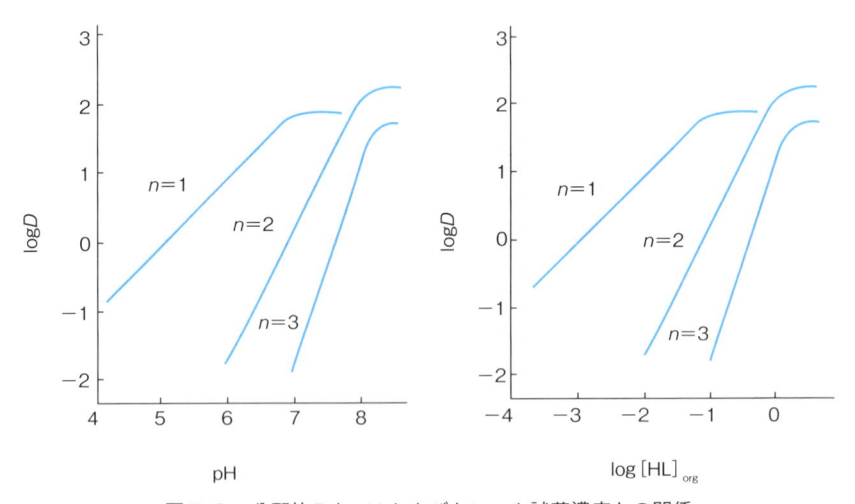

図5.2 分配比DとpHおよびキレート試薬濃度との関係

5.2.4 溶媒抽出による金属イオン相互分離

図5.2のような関係が得られると，2つの金属イオンを1回の溶媒抽出で相互分離できる条件を予想することができる。相互分離できるpHを見積もる例を検討する。いま，同一電荷を持つ2つの金属イオン M_1^{n+} と M_2^{n+} のpHと $\log D$ の関係を図5.3に示す。あるpHで M_1^{n+} と M_2^{n+} の $\log D$ が -2 と $+2$ であれば，有機相と水相の体積が等しい場合，M_1^{n+} と M_2^{n+} の抽出率は99％と1％となる。図5.3から，平行な2つの直線のpHが少なくとも $4/n$ 以上離れていれば，2つの金属イオン M_1^{n+} と M_2^{n+} は1回の抽出で分離できる。

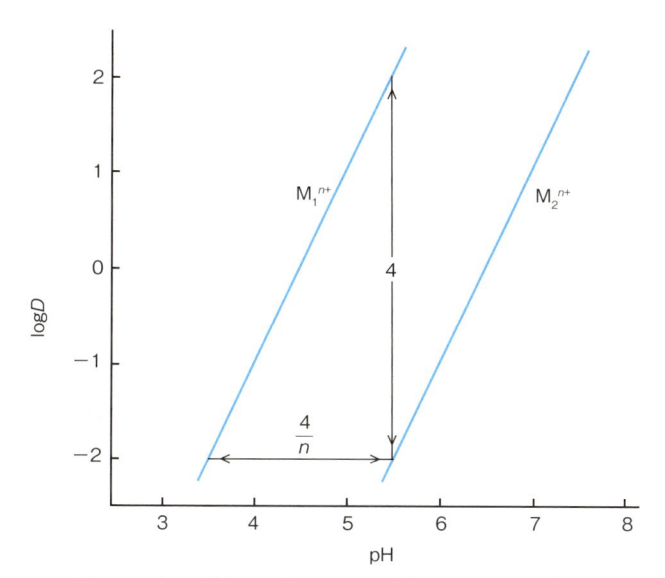

図5.3 同一電荷 n を持つ2つの金属イオンの分離条件

5.2.5 協同効果

金属キレート錯体の生成において，金属イオンの電荷が中和されてもその配位座がすべてキレート配位子によって占められていない場合，特に水分子が配位している場合はその金属キレート錯体の有機相への抽出はほとんど起こらない。このような系に電気的に中性である**ルイス塩基**を添加すると水分子と配位

子置換反応を起こし，**付加錯体**を形成する。このような付加錯体の有機相への抽出率は大きい。ピリジンのような第2の試薬を加えることで高い抽出率が得られることがある。この現象を**協同効果**と言う。

5.2.6 イオン対抽出

目的イオンの電荷を中和するのに反対符号のイオンとの会合を利用して溶媒抽出する方法を**イオン対抽出**と呼ぶ。近年，注目を集めているのが**クラウンエーテル**によるアルカリ金属イオンの抽出である。代表的なクラウンエーテルを図5.4に示す。アルカリ金属イオンはフィットする空孔をもつクラウンテーテルの酸素との間に強いイオン結合性の結合を形成し，エーテル環内に固定される。この大きな錯陽イオンは，過塩素酸イオンやピクリン酸イオンなどの陰イオンとともに有機相に抽出される。

古くから知られているイオン対抽出に，高濃度塩酸中の鉄(Ⅲ)イオンのエーテル相への抽出がある。これは，プロトンにエチルエーテルが溶媒和し，それと $FeCl_4^-$ イオンがイオン対を形成するものと考えられている。また，陰，陽界面活性剤イオンが色素陽，陰イオンとイオン対を形成し，エーテル相へ抽出される。これらは，鉄イオンや界面活性剤の定量分析に利用されている。

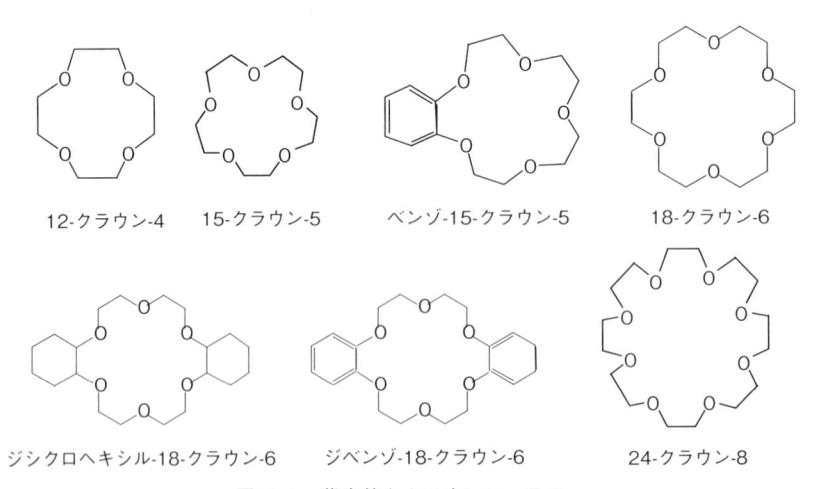

12-クラウン-4　　15-クラウン-5　　ベンゾ-15-クラウン-5　　18-クラウン-6

ジシクロヘキシル-18-クラウン-6　　ジベンゾ-18-クラウン-6　　24-クラウン-8

図5.4　代表的なクラウンエーテル

5.3　イオン交換クロマトグラフィー

5.3.1　イオン交換反応の発見

土壌カラムに硫酸アンモニウム（$(NH_4)_2SO_4$）溶液を通した時，溶出液には NH_4^+ イオンが減少し Ca^{2+} が増加するという現象が19世紀に発見された。これは土壌に含まれる粘土鉱物中の Ca^{2+} イオンと NH_4^+ イオンが置換される現象である。このように，解離性の置換基を持つ不溶性固体物質（イオン交換体）と溶液中のイオンが可逆的にイオンを交換する現象を**イオン交換**と言う。それ以降，イオン交換の研究は粘土鉱物のような無機物質を主として行われたが，20世紀に**イオン交換樹脂**が開発されて以来急激に発展している。イオン交換樹脂についてはすでに第2章で記述している。

5.3.2　イオン交換平衡

イオン交換反応は，本質的に可逆反応で，ある時点で平衡に達する。たとえばH型の陽イオン交換樹脂（HR）を金属イオン M^{n+} 溶液に加えると，その反応は次のように表せる。

$$n\text{HR} + \text{M}^{n+} \rightleftharpoons \text{MR}_n + n\text{H}^+ \qquad (5-14)$$

この平衡系にはHRや MR_n のような固相が含まれているので，厳密な理論的取り扱いは困難であるが，近似的には質量作用の法則を適用することができる。

$$K = \frac{(a_{H^+})^n (a_{M^{n+}})^*}{(a_{M^{n+}})(a_{H^+})^{*n}} \qquad (5-15)$$

ここで，＊は固相（樹脂相）に吸着したイオンの活量を示す。記号がないものは溶液中でのイオンの活量を示す。この定数 K は**熱力学的交換平衡定数**と呼ばれるが，式（5-16）のように活量の代わりに濃度を用いた値を**選択係数**と呼ぶ。H型の陽イオン交換樹脂に M^{n+} イオンが吸着するときの選択係数を K_H^M と表す。式（5-16）中の＊はイオン交換樹脂に吸着していることを示している。

$$K_\mathrm{H}^\mathrm{M} = \frac{[\mathrm{H}^+]^n \, [\mathrm{M}^{n+}]^*}{[\mathrm{M}^{n+}][\mathrm{H}^+]^{*n}} \qquad (5\text{-}16)$$

この選択係数の値からイオンの吸着のされやすさを比較することができる。一般に，電荷の大きいイオンほど良く吸着される。電荷が同じ場合は，水和したイオン半径が小さいイオンほど良く吸着される。アルカリ金属イオンの場合は，$\mathrm{Cs}^+ > \mathrm{Rb}^+ > \mathrm{K}^+ > \mathrm{Na}^+ > \mathrm{Li}^+$ の順に，ハロゲンイオンの場合は，$\mathrm{I}^- > \mathrm{Br}^- > \mathrm{Cl}^- > \mathrm{F}^-$ の順に吸着されやすい。

5.3.3　陽イオン交換カラムクロマトグラフィー

図 5.5 に陽イオン交換樹脂カラムを用いた Na^+ イオンと K^+ イオンのクロマトグラムを示す。クロマトグラムとは，横軸にカラムに試料溶液をのせて溶液を流し始めてからカラム出口から溶出してくる溶液の体積をとる。流出してくる溶液は一定体積ごとに試験管にとる。縦軸は各試験管の溶液中の濃度である。カラム上端に NaCl と KCl の混合溶液をのせた場合，Na^+ イオンも K^+ イオンもともにイオン交換樹脂に吸着する。溶離液が水の場合両イオンとも移動せず吸着したままである。溶離液を希塩酸に変えると，次の反応のような脱着が起こる。

$$\mathrm{NaR} + \mathrm{H}^+ \rightleftarrows \mathrm{HR} + \mathrm{Na}^+$$

$$\mathrm{KR} + \mathrm{H}^+ \rightleftarrows \mathrm{HR} + \mathrm{K}^+$$

しかし，追い出された両イオンは下方に移動しながらふたたび樹脂に吸着される。この吸着・脱着のプロセスが繰り返されるにつれて，Na^+ と K^+ の樹脂に対するわずかな吸着性の差が蓄積されて，分離が起こる。具体的には吸着性がわずかに小さな Na^+ イオンが先にカラムから溶出してくる。

　第 2 章で述べたように，化学実験用のイオン交換水は，水道水をプロトン（H）型陽イオン交換樹脂と水酸化物イオン（OH）型陰イオン交換樹脂の混合したカラムに通して作られる。

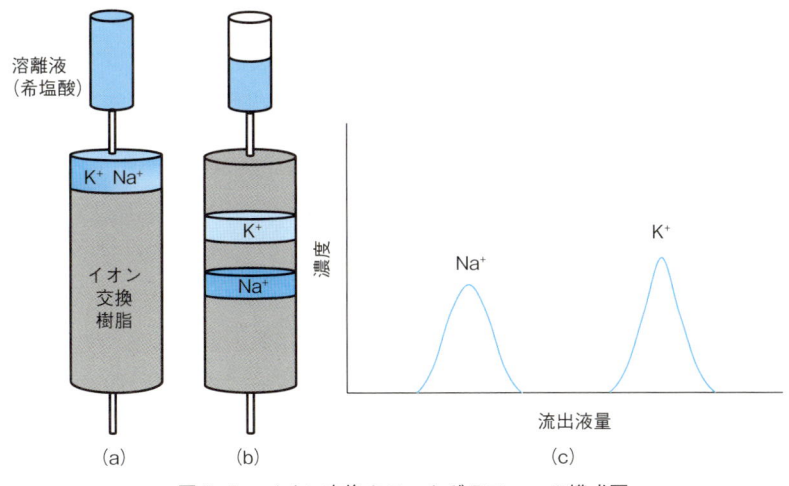

図 5.5　イオン交換クロマトグラフィーの模式図

5.4　分配クロマトグラフィー

　カラムの充填剤として，化学結合型充填剤が広く用いられている。これは，担体であるシリカゲル表面のシラノール基（Si-OH）に有機シリコーン化合物（-Si(CH$_3$)$_2$-R）を反応させてえられるもので，代表的なものに疎水性結合基 R としてオクタデシル基（-C$_{18}$H$_{37}$）のものがある（ODS カラムと呼ばれる）。この疎水性結合基の部分は固定相液体として振る舞う。**分配クロマトグラフィー**は，担体上に保持された**固定相液体**と溶離液である**移動相液体**への溶解（分配）の差により試料成分は分離される。固定相液体に溶解する割合が大きい成分（分配係数 K が大きい）ほどカラムからの溶出が遅くなる。固定相液体よりも極性が強い溶媒を溶離液に用いた場合，疎水性物質の分離に適している。このような固定相と移動相の組み合わせを**逆相クロマトグラフィー**と呼ぶ。この場合，溶離液として適当な極性をもつ有機溶媒や 2 種類の有機溶媒の混合溶媒を用いる。適当な極性の溶離液を用いることで，分析効率を上げる。**分配クロマトグラフィー**は高速液体クロマトグラフィーとして有機物の分離分析に広範に用いられている。

5.5　分子ふるいクロマトグラフィー

　分子ふるいクロマトグラフィーは，カラムの充填剤として固定相に三次元網目構造をもつ多孔性粒子を用いる。固定相となるゲルには，多孔性シリカ，ガラスの他架橋した有機ポリマーゲル（たとえばデキストランやポリアクリルアミドなど）が用いられている。このクロマトグラフィーでは，ゲルの細孔への浸透性の差により分離される。試料分子の大きさとカラムからの溶出量（溶出位置）との関係を図5.6に示す。分子の大きさがAより大きな粒子はその孔へ全く入らない，中程度の大きさの粒子Bは孔の途中まで入る，Bより小さな粒子Cは孔の奥まで入ることになる。Aを**排除限界**，Cを**全浸透限界**と言い，AとCの間の大きさの分子が大きい順に溶出する。すなわち，試料の大きさによりカラム内の移動距離に差が生じるとも言える*。

　この分離法は，タンパク質の分離など生化学分野で良く利用されている。ここでは無機ポリマーへの応用例を紹介する。過飽和のケイ酸溶液のpHを中性付近に調整すると，ケイ酸は重合し，モノケイ酸と様々な大きさを持つポリケイ酸を含む溶液となる。この溶液のpHを2に固定するとケイ酸の重合や解重合反応を停止できる。この状態で，分子ふるいクロマトグラフィーを用いると，種々の大きさのポリケイ酸の分布に関する情報を得ることができる。残念ながら，絶対的なサイズは決定されていない。図5.7にポリケイ酸粒子を大きさ順に分離した分子ふるいクロマトグラフィーを紹介する。モノケイ酸同士が結合してポリケイ酸になり，さらにポリケイ酸同士が集まって粒子まで成長する。つまり，同じ溶液に中にいろんなサイズのケイ酸分子が含まれている。これらのケイ酸分子を大きさによって分離するには分子ふるまいクロマトグラフィーを用いるが，図5.7の場合，溶離液にpH2の0.1 MのNaCl溶液を用いた。左から大きい粒子（コロイド状），中程度の粒子（オリゴマー状），ケイ酸分子になる。このように，分子ふるまいクロマトグラフィーを用いてサイズの違う分子を簡単に分離することができる。

---

*　この場合，溶質分子とゲルとの間に吸着などの化学的相互作用がないことが前提である。

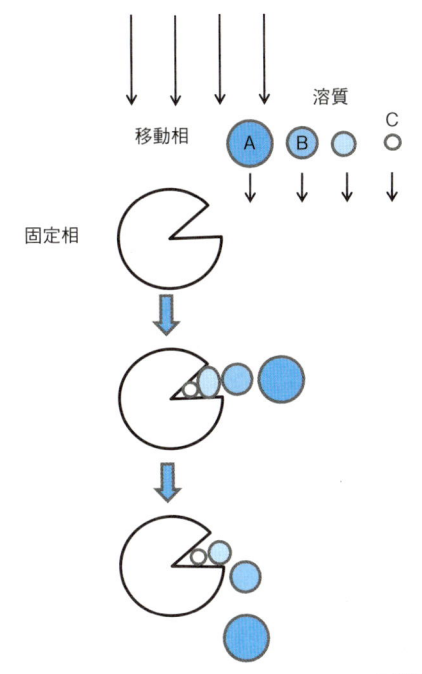

図5.6　分子ふるいクロマトグラフィーの分離機構

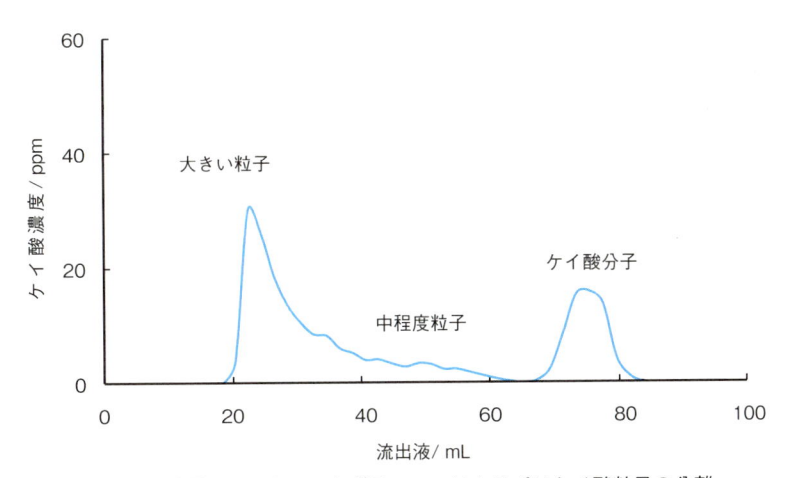

図5.7　分子ふるいクロマトグラフィーによるポリケイ酸粒子の分離
大きい粒子：大きなポリケイ酸、中程度の粒子：中くらいの大きさのポリケイ酸、ケイ酸分子：単量体ケイ酸。ケイ酸濃度：500 mg/L（SiO_2）

演習問題

1) 溶媒抽出の原理（考え方）を説明せよ。
2) 分配比 D が 100 および 0.01 の場合、それぞれの場合の抽出率を計算せよ。ただし、水相と有機溶媒相の体積は等しいものとする。
3) 陽イオン交換樹脂カラムに塩化カリウムと塩化リチウムを同モル濃度含む水溶液試料を少量のせ、溶離液として希塩酸を用いるとカラム出口からカリウムイオンがリチウムイオンより先に溶出する。すなわち、リチウムイオンとカリウムイオンを分離できる。なぜ分離できるのか、考察せよ。

コラム 5　分離分析化学とリサイクル化学

　日本が資源大国になると話題になった「都市鉱山」とは、都市でゴミとして大量に廃棄される家電製品などの中に存在する有用な資源（レアメタルなど）を鉱山に見立てたものである。その資源を再生し、有効活用しようというリサイクルの研究が注目され始めている。2008 年の独立行政法人物質・材料研究機構の発表によると、日本の都市鉱山は世界有数の資源国に匹敵し、国内でリサイクルの対象となる金属を合計すると、世界埋蔵量の 1 割にも達するものが数多く存在するという。ここで、金に注目してみると、日本の都市鉱山に存在する金の総量は 6,800 t で、全世界の現有埋蔵量の約 16 ％にあたり、"輸入"するより"回収"したほうが効率が良いことを示す。

　金は化学的に安定で、高い電気伝導性を有することや加工性に優れており、電子素子に適しているため、電気製品の基盤に広く使われている。例えば、携帯電話では $100 \sim 300$ gt^{-1}、パソコンでは 250 gt^{-1} 含まれていて、天然の金鉱床中の含有率の約 10 倍の金を含んでいる。日本での電子製品への金の需要は年々増加し、かつ金の価額が高騰を続けているが、国内の金の生産量は約 8 t しかなく、そのほとんどを輸入に頼っているのが現状である。したがって、金のリサイクルの必要性が高まり、電子製品の廃棄物からの金回収が注目されている。廃棄物中の金を再資源化する場合、乾式および湿式の 2 つの方法がある。携帯電話の場合、金、銀、銅などの多金属を含んでおり、粉砕や焼却といった中間処理・銅製錬といった乾式処理をした後に、銅製錬で生じた金などの貴金属を

含むスライムを非鉄製錬にて湿式処理するといった乾式と湿式を組み合わせた手法が多く使われている。

ここで，水酸化鉄(Ⅲ)共沈法による携帯電話からの金の回収方法について簡単に紹介する。まず，携帯電話を基盤，樹脂，バッテリなどに分解し，基盤を細分解し，濃硝酸に24時間浸すことで，金以外の金属を溶かす。次に，この溶液をろ過し，固体のろ取物を取って，王水に浸し，再びろ過すると金は王水に溶けてほかの固体から分離される。金を含むろ液に$FeCl_3$溶液を加え，水酸化ナトリウムでpH 6に調整すると，鉄は水酸化鉄(Ⅲ)として沈殿すると共に，金は自動的に還元される（おそらく還元剤は水）。この沈殿物の中に金ナノ粒子まで成長して存在していることを光学電子顕微鏡により確認できる。北本[1]らのこの方法による金回収研究によると，携帯1台から約0.028 g金を回収でき，回収率は99 %に達している。

このように，廃棄物からの貴金属のリサイクル化学は分離 溶解 沈殿という簡単な化学的手法により徐々に改善化されて，都市鉱山のリサイクル技術に貢献していくだろう。

参考文献
1) 北本真一，米津幸太郎，大橋弘範，本村慶信，小林康浩，岡上吉広，宮崎あかね，渡辺公一郎，横山拓史，J.MMIJ, 123 (2007) 406-412.

第6章
分析化学における化学平衡
（化学反応と化学量論）

　分析化学はほとんど水溶液を扱うため，水溶液中の化学反応や化学量論を理解することは重要である。基礎的な定性分析や定量分析をより理解するために，本テキストでは最小限必要な化学平衡論に関する基礎を紹介する。高校の化学で勉強した平衡定数の意味するところを少しだけ厳密に取り扱っている。

6.1　化学反応と平衡定数

　重量分析や容量分析では，沈殿反応や酸塩基反応，酸化還元反応と錯生成反応などを利用して目的成分の濃度を決定する。このような目的の場合，これらの化学反応は完結しなければならない。完結という意味は，未反応のまま残っている目的成分が分析的に無視できる量であるということである。ある定められた条件で，反応がどの程度進行したかを推定するためには，平衡定数を見積もることが必要である。一般的な化学反応を式（6-1）のように表すと

$$a\text{A} + b\text{B} \rightleftarrows c\text{C} + d\text{D} \quad (6-1)$$

右向きおよび左向きの反応速度 R_f および R_b は

$$R_f = k_f[\text{A}]^a[\text{B}]^b \quad (6-2)$$

$$R_b = k_b[\text{C}]^c[\text{D}]^d \quad (6-3)$$

k_f および k_b は右向きおよび左向き反応の反応速度定数である。平衡状態では右向きと左向きの反応速度は等しいので，$R_f = R_b$ である。

$$k_f[A]^a[B]^b = k_b[C]^c[D]^d \qquad (6-4)$$

$$K_{eq} = \frac{k_f}{k_b} = \frac{[C]^c[D]^d}{[A]^a[B]^b} \qquad (6-5)$$

その反応の**濃度平衡定数** K_{eq} は式（6-5）のように定義される（質量作用の法則）。平衡定数は温度が一定であれば一定である。

6.2 電解質溶液

　地球は"水の惑星"と呼ばれ，地球表面の 2/3 は海洋で覆われており，平均深度は 3800 m である。海水は塩化ナトリウムを主成分とした**電解質溶液**であるように，水は多くの物質を溶かし，また媒体として作用する。したがって，水の中では種々の化学反応が起こる。このテキストで扱う反応もほとんど水溶液中でのものである。

　塩化ナトリウム水溶液は電気を良く通す。これは水溶液中に陽イオンと陰イオンが存在するからである。このような化合物を**電解質**と呼ぶ。塩化ナトリウムは水溶液中で完全に解離し，Na^+ と Cl^- として存在するので**強電解質**になる。一方，酢酸，アンモニアや水は一部しか解離しないので**弱電解質**と呼ばれる。

　弱電解質がイオンに解離する時，その平衡定数を**解離定数**と呼ぶ。水の場合は

$$2H_2O \rightleftarrows H_3O^+ + OH^-$$

$$K_w = \frac{[H_3O^+][OH^-]}{[H_2O]^2} = [H_3O^+][OH^-] \qquad (6-6)$$

K_w は，水の解離に関係するもので，水の**自己プロトリシス定数**と呼ばれる（$[H_2O] = 1$ と取り扱う理由はあとで述べる）。25℃で $K_w = 10^{-14}$ である。

　酢酸とアンモニアについては

$$CH_3COOH + H_2O \rightleftarrows H_3O^+ + CH_3COO^-$$

$$K_a = \frac{[H_3O^+][CH_3COO^-]}{[CH_3COOH]} \tag{6-7}$$

$$NH_3 + H_2O \rightleftarrows NH_4^+ + OH^-$$

$$K_b = \frac{[NH_4^+][OH^-]}{[NH_3]} \tag{6-8}$$

式（6-7）および式（6-8）の K_a および K_b は，それぞれ弱酸の解離定数，弱塩基の解離定数である。

6.3　塩の加水分解

　塩とは，酸が塩基と反応した時に生成される水以外の生成物のことである。塩化ナトリウムは強酸（HCl）と強塩基（NaOH）から生成したものであるが，実際に起こる正味の反応は

$$H_3O^+ + OH^- \longrightarrow 2H_2O$$

である。NaCl を水に溶かしても溶液は中性のままで，Na^+ と Cl^- が存在するだけで，Cl^- イオンが水と反応して HCl 分子と OH^- イオンを生成することはない。それは，HCl が強酸だからである。

　一方，酢酸ナトリウムを水に溶かすとアルカリ性を示す。それは，酢酸イオンが水と反応して水酸化物イオンを生成するからである。

$$CH_3COO^- + H_2O \rightleftarrows CH_3COOH + OH^- \tag{6-9}$$

この反応がかなり進行するのは，酢酸が弱酸であるため分子として存在しようとするからである。Na^+ イオンが水と反応して NaOH 分子と H_3O^+ イオンを生成することはない。逆に，NaOH は強塩基であり，水中では Na^+ と OH^- と

して存在するから酢酸ナトリウムの水溶液はアルカリ性を示す。塩化アンモニウム溶液は酸性を示す。それは、NH_4^+イオンが水と反応してNH_3とH_3O^+を生成するからである。NH_3が弱塩基であり、分子として存在しようとするからである。

6.4 活量と活量係数

式（6-5）で定義される平衡定数K_{eq}は、化学反応が平衡に達した時に反応がどの程度進行しているかを表す指標であり、平衡濃度［ ］を用いて表されている。前記したように、平衡定数は温度のみの関数である。しかし、塩が共存する場合この平衡定数が塩濃度とともに変化する。たとえば、硝酸銀溶液と塩化ナトリウム溶液を混合して塩化銀の沈殿が生成する反応で、反応と無関係な多量の硝酸カリウムを添加すると塩化銀の沈殿生成が抑制される。DebyeとHückelは、この現象をイオン間の静電相互作用であると考えた。すなわち、Ag^+イオンの周囲にNO_3^-イオンが、Cl^-イオンの周囲にK^+イオンが密集してAg^+イオンとCl^-イオンが出会うのを妨げるためにAgClを生成する傾向が弱められる。この考え方に基づけば、濃度が平衡定数を規定するのではなく、濃度よりも小さな"別の量"が規定すると考えられる。この"別の量"のことを熱力学では**活量**と呼ぶ。この活量と濃度との関係は式（6-10）のように定義される。

$$a = \gamma m \qquad (6-10)$$

ここで、aは**活量**、γは**活量係数**、mは**重量モル濃度**（mol kg^{-1}）になる。γは$0 < \gamma \leq 1$。活量係数は共存する電解質濃度が小さければ1と近似できる。すなわち、溶質の活量はその重量モル濃度に等しいと取り扱える。また、分析化学ではほとんど希薄水溶液を扱うので、重量モル濃度は**容量モル濃度**（mol dm^{-3}）に等しいと近似できる。熱力学では、他の物質に対して溶媒として働くような純粋な液体（ここでは純水）の活量を1とする。すなわち標準状態でモル分率は1である。水にある溶質を溶かした場合、厳密には水の活量が変化するが、水の活量は1のままにする。たとえば、溶質の濃度が0.1 mol dm^{-3} の水溶液 1 dm^3 は，0.1 mol の溶質と約 55.3 mol の水からなる。この場合の水のモル分率は 55.3/55.5 ≅ 1 であり，水の活量に対する溶質の影響は実質的に無視できる。

式（6-11）に活量係数を近似的に求める **Debye - Hückel の式**を示す。

$$-\log \gamma_i = 0.5 \cdot Z_i^2 \cdot \mu^{1/2} \quad (6-11)$$

ここで，γ_i は活量係数，Z_i はイオンの電荷，μ は**イオン強度**を表す。イオン強度は式（6-12）のように定義される。

$$\mu = \frac{1}{2} \Sigma C_i Z_i^2 \quad (6-12)$$

ここで，C_i は溶液中の各イオンの容量モル濃度，Z_i はそのイオンの電荷を表す。陽イオンまたは陰イオンのみを含む溶液を調製することは不可能なので，どのような水溶液でも陽，陰両イオンを含んでいる。水溶液中で 1 価の電荷をもつ各イオンの活量係数は等しく，また，1：1 型電解質に対して式（6-13）のような**平均活量係数** $\gamma_\pm$ を定義する。

$$\gamma_\pm = (\gamma_+ \cdot \gamma_-)^{1/2} \quad (6-13)$$

CaCl$_2$ のような 2 元電解質（A$_m$B$_n$）の Debye - Hückel の式は式（6-14）のように表される。

$$-\log \gamma_\pm = 0.5 Z_A Z_B (\mu)^{1/2} \quad (6-14)$$

ここで，Z_A と Z_B はそれぞれ陽イオン，陰イオンの電荷を表す。このようにイオンの電荷が大きくなるにつれて活量係数は減少する。平均活量係数 $\gamma_\pm$ は実験的に測定できる。実験で求められた平均活量係数を表 6.1 に示す。

表6.1 実験で求めた電解質の平均活量係数（25℃）

	重量モル濃度					
	0.001	0.005	0.01	0.05	0.1	0.5
HCl	0.97	0.93	0.90	0.83	0.80	0.76
HCl（0.01 M NaCl 中）	—	—	0.87	0.82	0.78	0.76
HNO_3	0.97	0.93	0.90	0.82	0.79	0.72
H_2SO_4	0.83	0.64	0.54	0.34	0.27	0.15
KOH	—	0.93	0.90	0.81	0.76	0.67
NaCl	0.97	0.93	0.90	0.82	0.78	0.68
$CaCl_2$	0.89	0.79	0.73	0.57	0.52	0.52
K_2SO_4	—	0.78	0.71	0.53	0.44	0.26
$CuSO_4$	0.74	0.53	0.41	0.21	0.16	0.07

例題 6-1

濃度が 0.001 mol dm^{-3} と 0.1 mol dm^{-3} である HNO_3 の平均活量係数を計算し，表6.1の値と比較せよ。また，NO_3^- イオンの活量係数を求めよ。

[解]

濃度が 0.001 mol dm^{-3} の場合，イオン強度 $\mu = \frac{1}{2}\Sigma C_i Z_i^2$ であるので

$$\mu = \frac{1}{2}\{0.001 \cdot (1)^2 + 0.001 \cdot (1)^2\} = 0.001$$

したがって，平均活量係数は $-\log \gamma_\pm = \frac{1}{2} Z_A Z_B (\mu)^{1/2}$

$$-\log \gamma_\pm = \frac{1}{2} \cdot (1) \cdot (1) \cdot (0.001)^{1/2} = 0.016$$

$$\gamma_\pm = 0.96$$

また，1価の電荷をもつ各イオンの活量係数は等しいので，NO_3^- イオンの活量係数 $\gamma_{NO_3^-}$ は

$$\gamma_{NO_3^-} = (\gamma_\pm)^{1/2} = 0.98$$

同様に，0.1 mol dm^{-3} HNO$_3$ のイオン強度は

$$\mu = \frac{1}{2}\{0.1 \cdot (1)^2 + 0.1 \cdot (1)^2\} = 0.1$$

したがって，$-\log \gamma_{\pm} = \frac{1}{2} \cdot (1) \cdot (1) \cdot (0.1)^{1/2} = 0.16$

$$\gamma_{\pm} = 0.69$$

ここで得られた平均活量係数は表 6.1 の中の値と 0.01〜0.1 のずれがある。このことは Debye - Hückel の式は活量係数を求める近似的な方法であること示す。

例題 6-2

濃度が 0.1 mol dm^{-3} の CuSO$_4$ 溶液の平均活量係数を計算し，表 6.1 の値と比較せよ。また，Cu^{2+} イオンの活量係数を求めよ。

解

イオン強度 $\mu = \frac{1}{2}\{0.1 \cdot (2)^2 + 0.1 \cdot (2)^2\} = 0.4$

$$-\log \gamma_{\pm} = \frac{1}{2} \cdot (2) \cdot (2) \cdot (0.4)^{1/2} = 1.26$$

$$\gamma_{\pm} = 0.054$$

また，CuSO$_4$ は 1 : 1 型電解質なので，Cu^{2+} イオンの活量係数 $\gamma_{Cu^{2+}}$ は

$$\gamma_{Cu^{2+}} = (\gamma_{\pm})^{1/2}$$

$$\gamma_{Cu^{2+}} = 0.023$$

このように，希薄溶液とはいえ活量と容量モル濃度との間には差がある。した

がって，前記した平衡定数を計算する場合は活量を用いるべきであることを忘れてはならない。ただし，分析化学では濃度を用いる近似計算を行う場合が多い。それは近似計算で目的がほぼ達成されることと，活量を見積もることができない場合が多いからである。

化学変化が自発的に起こる場合，その化学反応を推し進める尺度は自由エネルギーであり，定温定圧下でなされる最大の仕事である。したがって平衡定数は化学反応における自由エネルギー変化と言える。熱力学では式（6-15）のようにその関係を表す。

$$\varDelta G = -RT\ln K \qquad (6-15)$$

ここで，$\varDelta G$ はギブズ自由エネルギー変化，R は気体定数，T は絶対温度，K は平衡定数である。溶液の濃度または活量がわからない場合はギブズ自由エネルギー変化から平衡定数を見積もることが可能である。

このように，化学反応とは自由エネルギーを駆動力とし化学量論的に起こり，やがて化学平衡に達する現象である。水溶液中の化学反応の進行度合いを平衡定数で評価するが，平衡定数とは温度が一定であれば一定になる温度だけの関数になる。平衡定数は活量により求めるが，活量とは溶液中のイオン強度やイオン電荷に関連し，近似的な式である Debye - Hückel の式によって活量係数を求める。

演習問題

1) 2.0 mol dm^{-3} の酢酸 0.5 L と 4.0 mol dm^{-3} アンモニア水溶液 0.5 L を混ぜて反応させると，平衡に達した時に生成する酢酸アンモニウムの濃度を求めよ。ただし，反応の平衡定数を 5.0×10^4 と仮定する。
2) A と B は反応して C と D になる反応がある。以下の条件における平衡定数を求めよう。ただし，最初の仕込んだ濃度が等しいと仮定する。
   (a) A と B は 1：1 で反応し，物質 A の 30％ が反応したとき
   (b) A と B は 1：2 で反応し，物質 A の 40％ が反応したとき
3) 0.05 mol dm^{-3} CaCl$_2$ 溶液中の平均活量係数を計算し，表 6.1 の値と比較せよ。

また，Ca^{2+}イオンの活量係数を求めよ．

コラム6　水溶液化学の始まり：地球における水の起源・生命の起源

　地球の最も重要な特徴は大量の水（海）が表面の2/3を覆っていることと海で誕生したと考えられる生命が存在することである．地球表面を覆っている海水は主成分が高濃度のNaCl水溶液で，多種類の電解質が溶けている．地球の特徴である水の起源や生命の起源について考えてみよう．

　地球の水は地球を形成する材料となった微惑星の中の鉱物中に水酸基や水分子の形で含まれていて，原始地球が成長していく微惑星の衝突合体の過程で放出されて，地球を取りまく原始大気となったものと考えられている．衝突によって微惑星が持っている莫大な運動エネルギーが熱となって表面で解放されるため，惑星表面の温度が1000 K，衝突の圧力は40万気圧にも達し，表面から水蒸気や二酸化炭素が蒸発した．衝突の繰り返しによって，地球表面の温度が上昇し，原始地球の表面はマグマの海だったので気体になりやすい物質は蒸発して地球を取り囲み，最初の地球大気（原始大気）ができたが，主な成分は水蒸気と二酸化炭素と塩化水素だった．地球形成の末期になると地球の成長速度が遅くなり，衝突頻度が小さくなったため，解放される熱エネルギーが減少し，地球が冷え始めた．地球の温度・圧力条件が水の臨界条件を下回ると水蒸気は雨となって地表に降り注ぎ，ついには巨大な水たまりになり，原始海洋が誕生した．最初に降った雨は300℃以上で，かつ強酸性の雨だろうと推定されている．なぜなら液相の水が存在するようになると大気中の塩化水素が溶け込んで，酸性雨が降ったと考えられている．

　地球は大量の水に恵まれたことは地球で生命が誕生するキーポイントになった．生命の誕生について色々な説があるが，原始地球の海において，海水に溶けた有機物の化学進化を通じて生じたという説が現代科学において最も有力な学説になっている．生命が誕生するには，まず生体高分子の材料であるアミノ酸，核酸塩基，糖など複雑な有機分子が無機的に合成されなければならない．原始大気に一酸化炭素，二酸化炭素，窒素や水などの気体が多く存在し，紫外

線や宇宙線のエネルギーによりシアン化水素とホルムアルデヒドが合成され，さらに反応してアミノ酸，核酸塩基，糖，脂肪酸，炭化水素などの生命誕生に必要な基本的有機分子ができたと考えられている。これらの有機分子が海水に溶け込み，海底熱水などのエネルギーによってさらに反応してタンパク質，核酸などが生成し，自己組織化した結果代謝，複製機能を持つ原始生物が海の中に誕生した。一方，生命を支えるリン酸や各種の金属イオンは海水と玄武岩との反応により原始海洋に供給されたので，原始海洋は生命を生み出す栄養をたっぷり溶かし込んだスープと言われている。また，宇宙の中に生成した地球外起源の有機物が隕石によって地球に持たされた可能性も高いとも言われている。近年，東北大学の掛川らにより，隕石と海洋の衝突によりポストインパクトプルーム（隕石と海水と地殻が蒸発してできる衝突蒸発雲）の中にアミノ酸，アミン，カルボン酸などの有機分子が生成することが実験的に証明された。さ

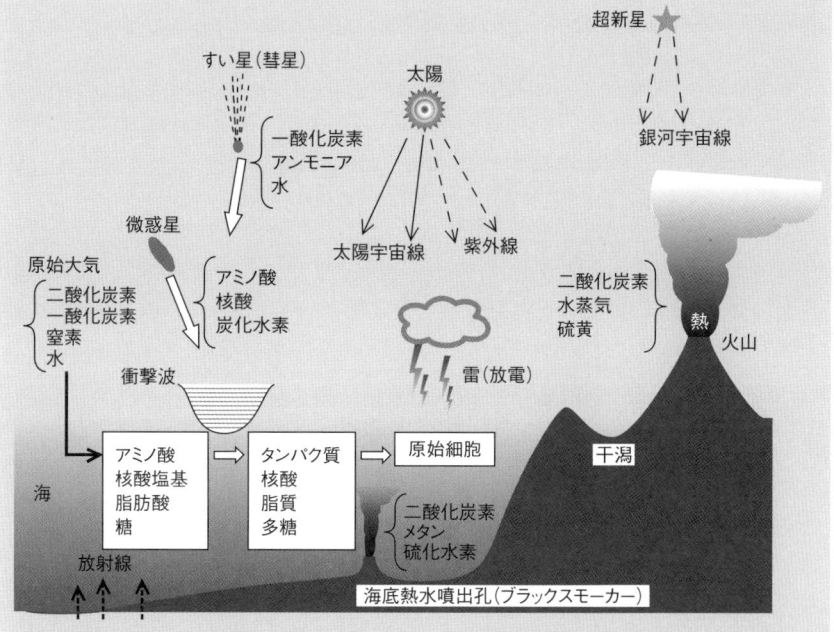

生命の材料の供給源と有機物生成のエネルギー源として考えられているもの。
（http://www.s-yamaga.jp/nanimono/seimei/seimeinotanjo-01.htm　より引用）
　　　　　大谷栄治、掛川武，『地球・生命　その起源と進化』，共立出版（2005）

らに，これらのアミノ酸分子が海水中の粘土に吸着し，海洋地殻内深部に埋没され，地熱などのエネルギーでアミノ酸同士が重合し，やがて粘土の表面でタンパク質などの生体分子まで進化したと提案している。

第7章
pHの測定と原理

　水溶液の化学において pH は最も需要な因子である。生体内の血液や体液の pH はほぼ一定に維持されている。第3章で述べた滴定実験でも，ある pH 範囲内でないと定量的な分析は不可能である。pH の定義およびその測定原理と正確な測定法を理解することは，分析化学のみならず種々の科学研究をする上で不可欠である。そのために本書では独立に pH を取り上げる。酸っぱい味とかアルカリ食品とか，pH はわれわれの生活に深く関わっている（コラム7を参照）。また，第1章の金属イオンの沈殿生成や沈殿の溶解においても pH は重要な因子である。

7.1　pHの定義

　pH メーターで測定して得られた pH が酸に関する測定値であることは多くの人が知っている。しかし，pH とは酸の何を示すのであろうか。強酸と弱酸という用語がある。0.01 mol dm^{-3} の HCl（塩酸）の pH は約2であるが，同濃度の CH$_3$COOH（酢酸）の pH は約3.3である。すなわち，pH は加えた酸の全量ではなく，解離して他の化学種と結合していない状態の水素イオン濃度（活量）である。pH を最初に提唱したのは1909年デンマークの Sørensen である。IUPAC による pH の定義は式（7-1）のように表される。

$$\mathrm{pH} = -\log a_{\mathrm{H}^+} \qquad (7-1)$$

ここで，a_{H^+} は水素イオンの活量である。

7.2　ガラス膜電位

通常，pHは**ガラス電極**を用いて測定する。その測定原理を理解するためには**ガラス膜電位**について知る必要がある。市販のガラス電極には化学組成が Na_2O 21.4，CaO 6.4，SiO_2 72（モル％）のガラスが使用されている。図7.1にガラス膜の模式図を示す。ガラス電極の内側の表面は図にあるように内部の溶液があるためにすでに水和しているが，外側の表面は電極を水溶液に浸したときに水和した状態になる。中央のガラス層は2枚のケイ酸ゲル層ではさまれている。これらのゲル層はガラスを構成するケイ酸塩格子表面に水が侵入してできたものである。ゲル層で式（7-2）に示すようなイオン交換反応が起こる。

$$H^+（水溶液）+ Na\text{-}O\text{-}Si（固体）\rightleftharpoons Na^+（水溶液）+ H\text{-}O\text{-}Si（固体）$$

（7-2）

水素イオン（陽イオン）は自由に動き回るが，ケイ酸塩格子（陰イオン）は固定されたままである。ゲルと溶液の境界面では，水素イオンの活量の低い方に向って水素イオンが移動しようとする傾向が生じる。その傾向が電位（内部および外部電位）である。それは式（7-3）および式（7-4）で表わされる。これらはネルンストの式と呼ばれ，第3章の酸化還元平衡のところで詳細に解説している。

$$E_e = k_1 + 0.059 \log\left\{\frac{(a_2)_L}{(a_2)_S}\right\} \qquad (7-3)$$

$$E_i = k_2 + 0.059 \log\left\{\frac{(a_1)_L}{(a_1)_S}\right\} \qquad (7-4)$$

ここで，$(a_2)_L$ と $(a_1)_L$ は膜の両側の2つの溶液の水素イオン活量であり，$(a_2)_S$ と $(a_1)_S$ はそれぞれゲル中の水素イオン活量である。両方のゲル表面で水素イオンが通過できる場所の数が等しいとすれば，$k_1 = k_2$ および $(a_1)_S =$

$(a_2)_S$ となる。したがって全境界電位 E_b は

$$E_b = E_e - E_i = 0.059 \log\left\{\frac{(a_2)_L}{(a_1)_L}\right\}$$

となる。ガラス電極では $(a_1)_L$ は一定であるので

$$E_b = k + 0.059 \log(a_2)_L \tag{7-5}$$

となる。すなわち，ガラス膜を横切って発生する電位は，電極内部と外部の溶液中の水素イオン活量だけによって決まる。

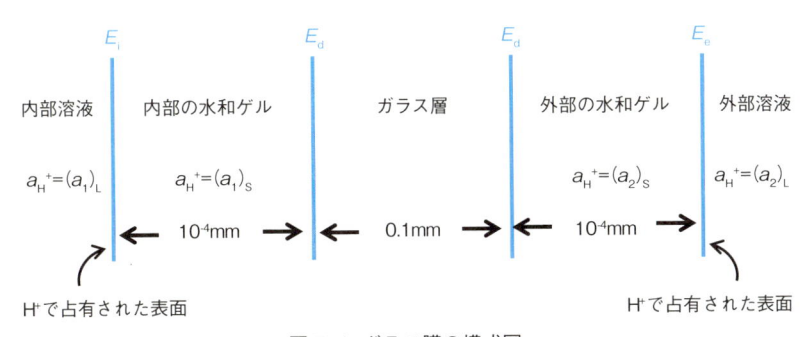

図7.1 ガラス膜の模式図

7.3 pH 測定の原理

pH の測定は，水素イオンの活量差に基づくガラス電極に発生する電位を利用するものであるが，そのためには基準となる電位を示す電極と組み合わせて，その**電位差**を測定する必要がある。熱力学的には，次に示す**水素電極**を基準とする。

$$H_2(1気圧) \mid H^+(活量 = 1) \parallel H^+(活量 = c) \mid H_2(1気圧)$$

この場合，1気圧の水素ガスを飽和した白金電極が H^+ の活量1の中に入れてあるとき，その電位を0とする。縦線 | は物質の界面であり，電位差が生じる

箇所である。二重縦線 // はそのうち物質移動が起こらない界面であることを表しており，ここではガラス薄膜のことである。水素電極は取扱いにくいので，実際には**参照電極**として**カロメル電極**や**銀-塩化銀電極**が用いられる。

7.4　実際の水素イオン活量の測定

　図7.2にガラス電極を用いる一般的なpH測定の概念図を示す。先に示したように，適当な製法によるガラス薄膜が水素イオンの濃淡電位を生じることが，ガラス電極によるpH測定の基本原理である。図7.2によれば，ガラス薄膜の内部には溶液が封入してあって固体電極が浸してあり，これ全体をガラス電極と呼ぶ。一方，ガラス電極の電位を測定するために基準となる電極を参照電極と呼ぶ。基準電極が常に一定の電位を生じるならば，ガラス電極と基準電極との間の電位差 E は 25 ℃において

$$E = E_0 + 0.059 \log a_{H^+} \qquad (7-6)$$

によって表わされる。E_0 は電極固有の値で，水素イオンの活量が既知の溶液で電位差 E を測定すれば E_0 の値を知ることができる。覚えておきたいのは，pHが1変化する（遊離の水素イオン濃度は10倍あるいは1/10になる）ごとに，25℃ならば電位差が約60 mV変化するということである。

7.5　ガラス電極の電位

　図7.2のガラス電極の電位発生機構について詳細にみてみる。ガラス電極の半電池の式は以下のように表わせる。

$$\text{試料溶液} \ /\!/ \ \text{内部液1} \ | \ \frac{\text{Ag}}{\text{AgCl}}$$

ガラス電極では，試料溶液と内部液1の水素イオンおよび塩化物イオンの活量（$a_{H,S}$；$a_{H,1}$；および $a_{Cl,1}$）の差に応じた電位 E_G が生じる。

$$E_G = E^0_{\frac{Ag}{AgCl}} - \frac{RT}{F} \ln a_{Cl,1} + \frac{RT}{F \ln} \left\{ \frac{(a_{H,S})}{(a_{H,1})} \right\} \qquad (7-7)$$

このうち第1項と第2項は銀-塩化銀電極の酸化還元電位，第3項はガラス薄膜において発生する電位である。測定中25℃で一定であるならば，定数項 E_G^0 をまとめて

$$E_G = E_G^0 + 0.059 \log a_{H^+} \qquad (7-8)$$

と表すことができ，水素イオン感応電極として作用することがわかる。$a_{H,1}$，$a_{Cl,1}$ ともに一定に保つため，内部液1にはHCl溶液が用いられる。

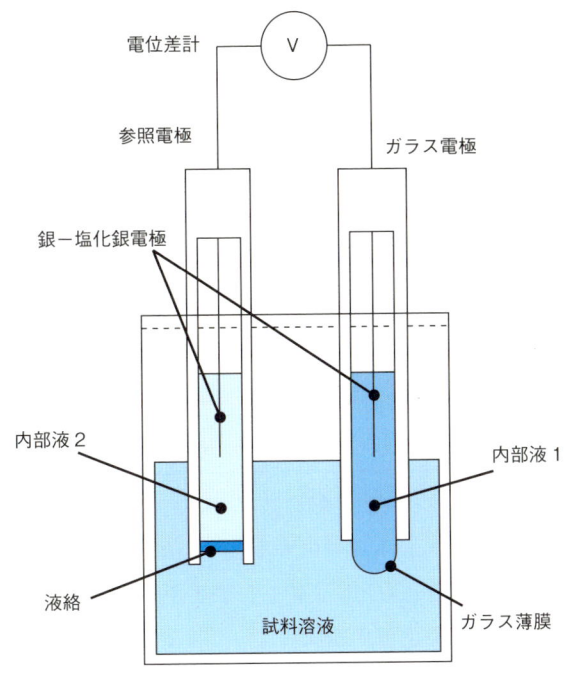

図7.2 ガラス電極によるpH測定の模式図

7.6 参照電極の電位

参照電極は，ガラス電極の電位を測定するときの基準となる電極であり，測定中は常に一定の電位を保っている。参照電極の半電池の式は以下の通りである。

$$試料溶液 \,/\!/\, 内部液2 \mid \frac{Ag}{AgCl}$$

二重縦線では素焼き片などの多孔質を通して試料溶液と内部液2が接触しており，接触面積がちいさいため物質の移動はほとんどない。このような部位を**液絡**と呼び，イオンの移動度の差に起因する**液絡電位差** E_j が発生する。液絡電位差 E_j は溶液の組成が大きく変化しない限り一定の値であると考えてよい。参照電極の電位 E_R は，銀―塩化銀電極の酸化還元電位に E_j が加わり

$$E_R = E_{\frac{Ag}{AgCl}}^0 - \frac{RT}{F} \ln a_{Cl,2} + E_j \qquad (7-9)$$

で表わされる。すなわち，温度一定であれば，内部液2を入れ替えない限り，E_R は一定に保たれる。$a_{Cl,2}$ を一定に保つために，内部液2には**飽和KCl溶液**が用いられる。

7.7 pH電極の校正

E_0 は電極固有の値であるが，実際には日によって数mV～10mV程度の変位がある。これは，ガラス膜上で発生するpHに依存する電位差以外のすべての界面電位を一定とみなして E_0 に集約しているからであり，実際は全ての界面電位はその界面の状態や溶液の組成によって鋭敏に変化する。特に，ガラス薄膜の表面は薄い水和シリカゲル層が生成していると考えられており，乾燥したり溶液から引き上げて別の溶液に浸しただけでも E_0 が変化する場合もある。従って，使用する直前にpHのわかった水溶液を用いて E_0 を決定する必要がある。この操作を**校正**と呼ぶ。ガラス電極によっては感度（1pH当たり

の電位差の変化）が 59 mV より小さい場合もある．校正には通常，pH = 4，7，9 の標準溶液を用いる．3 点校正の例を図 7.3 に示す．

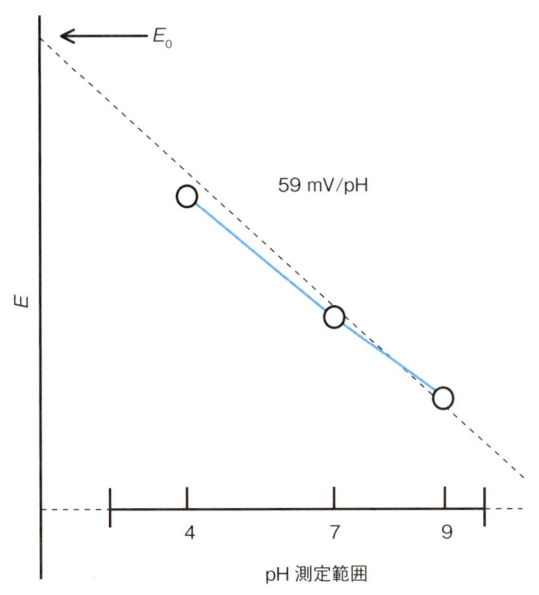

図 7.3　3 点校正法による電極の校正

7.8　pH 標準溶液

校正に用いる標準溶液とその標準溶液が示す pH は各国内で取り決めがあって，日本では JIS によって pH = 4.01（フタル酸），pH = 6.86（中性リン酸），pH = 9.18（ホウ酸）の水溶液を用いるとされている．JIS で規定された pH 標準溶液は，他に pH = 1.68（シュウ酸），pH = 10.01（炭酸）がある．この値はガラス電極で測定できる pH の限度だと考えてよい．

pH 標準溶液はその pH であることが保証された pH 緩衝溶液である．溶液および粉末の状態で入手可能であるが，適切な保管方法・調製方法を守らなければ，標準物質としての意味がなくなってしまう．定規や天秤がメートル原器やキログラム原器を基準に連綿とその確からしさを継承した測定装置である（これをトレーサビリティーと言う）のと同様，pH 標準溶液もある信頼でき

る測定法を出発点とした，日本国の保証するpHの尺度であることを忘れてはならない．

7.9 最新のpHメーター

7.9.1 ガラス電極

ガラス薄膜の材質は改良を重ねられてきたが，それでも正しく応答するpHの範囲に限度がある．現在，一般に入手できるもので最もよいものでもpH 1～11程度である．酸の濃度で10^{-1} mol dm^{-3}，アルカリの濃度で10^{-3} mol dm^{-3}と開きがある．ガラス薄膜の水素イオンの選択性は高いとはいえ，例えば10^{-3} mol dm^{-3}のNaOH溶液（pH = 11）中では水素イオンに対し同じ陽イオンであるNa$^+$は10^8倍高濃度であるため，Na$^+$にも応答してしまう．これを**アルカリ誤差**と呼ぶ．銀-塩化銀電極は，銀の表面を-部塩化銀に置換した電極で，溶液中の塩化物イオンまたは銀イオンに応答する．電位が安定しておりかつ耐久性も良いのでよく用いられる．

7.9.2 標準電極

標準電極として最も重要なのは，測定中に電位が一定であることである．内部液2に飽和KCl溶液を用いるのは，少しぐらい塩化物イオンが試料溶液中に拡散しても$\ln a_{Cl,2}$の変化を小さくできるし，K$^+$とCl$^-$イオンのイオン半径がほぼ等しいため，イオンの移動度の差によって生じる液絡電位差が小さいことが期待されるからである．しかし，どのような材質にしても液絡では2液が接している以上必ず拡散が起こるため，KClによる試料溶液の汚染が致命的である場合は，以下のような二重液絡方の参照電極を用いる場合もある．

$$\text{試料溶液} \parallel \text{内部液2a} \parallel \text{内部液2b} \mid \frac{\text{Ag}}{\text{AgCl}}$$

このようなタイプの参照電極は，内部液2aを入れ替えられるような構造になっている．例えば，試料溶液にAg$^+$を含む場合は液絡にAgClの沈殿を生じ，回路を切断してしまう．そのような場合は，内部液2aに硝酸塩などを用

いる。試料溶液にClO_4^-を含む場合（$KClO_4$の沈殿，内部液には$NaClO_4$を用いる）や誘電率の低い溶媒（KClの沈殿，内部液にEt_4NClO_4など）を用いる場合にも，内部液2aとして対応する電解質溶液を用いる。

7.9.3 複合電極

通常は，ガラス電極，標準電極と温度センサーの一体型ガラス電極が用いられる。図7.4に模式図を示す。一本に見えるが，先に示したもの（図7.2）と等価である。

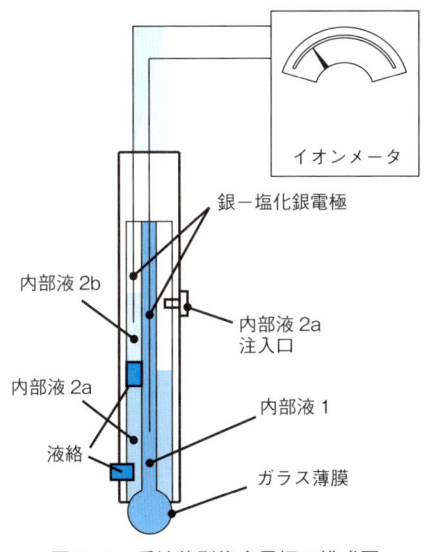

図7.4 重液絡型複合電極の模式図

7.9.4 エレクトロメータ

ガラス電極のガラス膜では電位差が生じるが実際に電流が流れるわけではない。通常，ガラス膜部分の抵抗値は数〜10 MΩ程度と極めて大きいため，汎用の電圧計やデジタルマルチメータなどで電位差を測定することができない。そのような条件の電位差を測定するために設計された内部インピーダンスの高い電位差計をエレクトロメータと呼ぶ。

電池で駆動するハンディタイプのpHメータが実用化されたのは，抵抗の小

さなガラス感応膜の作成技術に加え，半導体を用いた電気回路技術が発展したためである。

演習問題

1) pH メータを使用する場合，pH 標準溶液を用いてガラス電極を校正する。この校正はどのような目的で行われるのか，説明せよ。
2) 25℃では中性は pH 7 となるが，人の体温である 37℃での中性の pH 値を求めよ。ただし，37℃での水のイオン積は 2.5×10^{-14} である。
3) 酢酸の解離定数は 1.75×10^{-5} mol dm^{-3} である。2.0×10^{-3} mol dm^{-3} の酢酸の pH を求めよ。
4) 0.1 mol dm^{-3} CH$_3$COONa 溶液の pH を求めよ。酢酸の酸解離定数は 1.75×10^{-5} mol dm^{-3}。ただし，[Na$^+$] ＝ [CH$_3$COO$^-$] ＝ [CH$_3$COOH] とする。

コラム7　pHと健康：アルカリ食品と酸性食品

　動物は食べ物を体内に酸化して出てくるエネルギーで生きている。燃焼で生じた二酸化炭素は呼吸で飛散するが，残った成分が体に影響する。健康科学では，食品そのものや食品が身体に与える影響を水素イオン指数（pH）で酸性かアルカリ性で判断することによって食品をアルカリ食品と酸性食品に分類している。このようなアルカリ食品の概念がスイスのバーゼル大学の生理学者グスタフ・ブンゲによって提唱されたが，栄養学的にまったく無意味とされている。分類の基準としては，肉，魚，玄米などを燃やすと灰になるが，この灰の成分は硫黄，塩素，リンなどのミネラルであれば，体内に入ると体内の酸素と反応して，それぞれリン酸，硫酸，塩酸になるので酸性食品とした。逆に，野菜，果物や大豆類を燃やすとナトリウム，カリウム，カルシウム，マグネシウムなどのミネラルが残り，体内に入って，アルカリ性を示すからアルカリ性食品とした。このことから，本章で習った pH の値で溶液を酸性，アルカリ性に区別する概念と違うことに注目しよう。例えば，日本特有の食べ物である梅干しはクエン酸や酢酸を多く含んでいるので酸っぱくて，pH が酸性示す。しかし，梅干

しは健康にいいアルカリ食品として知られているのは，溶液の化学と基準が違うからである。このように，食べ物には酸性成分とアルカリ性成分の両方含まれているので，バランス良く食べることが大切である。次表に身近なもののpHをまとめているが，酸性食品やアルカリ性食品と直接な関係がない。

身近の物のpH

名　前	pH	名　前	pH
胃　液	1.8~2.0	尿	4.6~7.4
レモン汁	2.0~3.0	水道水	5.8~8.6
食　酢	2.4~3.0	牛　乳	6.4~7.2
ワイン	3.0~3.7	母　乳	6.8~7.4
ビール	4.0~4.5	唾　液	7.2~7.4
しょうゆ	4.5~4.9	血　液	7.4
炭酸水	4.6	海　水	8.3
雨	5.6	せっけん水	9.0~10.0
煎　茶	5.9		

(http://www.gokkun.com/ph.htm より引用)

面白いことに，人体のpHは部位や役割によって異なる。例えば，体内の老廃物を排出する働きがある体の表面（皮膚表面）は弱酸性のpH 5であるに対して，食べ物を消化する働きある胃液はpH 2の強酸である。ところが，体液（血液）のpHは7.4 + 0.5に保つ仕組みになって，酸性あるいはアルカリ性の食品を口に入れる事で変動するものではない。これは呼吸や排尿により常に調節されているからである。この仕組みの中でも重要な働きをするのは，炭酸や炭酸水素ナトリウム（重曹）で，酸やアルカリを中和する。ほかにも体に酸が増えると，肺から炭酸ガスを多く排出したり，腎臓も尿とともに酸を出したりして調整しているようだ。

代表的なアルカリ食品や酸性食品を次図に示す。

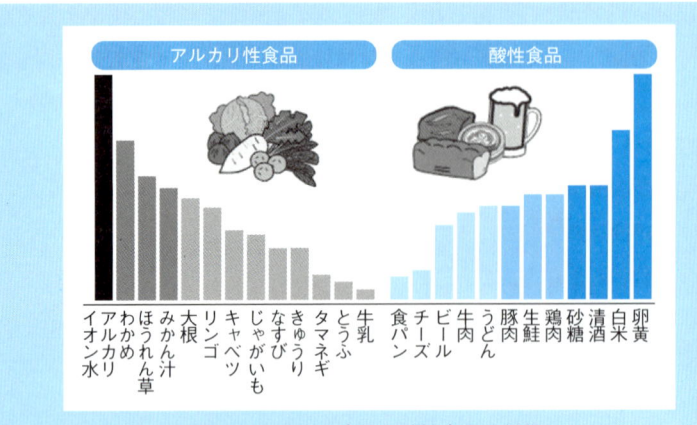

図1　アルカリ食品と酸性食品の種類
（http://suigenkyo.jp/images/graph.gif　より引用）

本書で取り扱う主な化合物の化学式と名称（鉱物名）

AgCl	塩化銀	silver chloride
AgCrO$_4$	クロム酸銀(I)	silver(I) chromate
AgNO$_3$	硝酸銀	silver nitrate
Ag$_2$S	硫化銀(I)	silver(I) sulfide
Al(OH)$_3$	水酸化アルミニウム	aluminum hydroxide
Al(OH)$_4^-$	テトラヒドロキソアルミニウム酸イオン	tetrahydroxoaluminate ion
BaSO$_4$	硫酸バリウム	barium sulfate (berite)
Bi$_2$S$_3$	硫化ビスマス(III)	bismuth(III) sulfide
CaCO$_3$	炭酸カルシウム	calcium carbonate (calcite)
Ca(OH)$_2$	水酸化カルシウム	calcium hydroxide
CaSO$_4$	硫酸カルシウム	calcium sulfate
Ce(SO$_4$)$_2$(NH$_4$)$_2$SO$_4$·2H$_2$O	硫酸セリウム(IV)アンモニウム	ammonium cerium(IV) sulfate dehydrate
Ce^{3+}	セリウム(III)イオン	cerium(III) ion
Ce^{4+}	セリウム(IV)イオン	cerium(IV) ion
CH$_3$COONa	酢酸ナトリウム	sodium acetate
[Co(NH$_3$)$_6$]$^{2+}$	ヘキサアンミンコバルト(II)イオン	hexaamminecobalt(II) ion
CoS	硫化コバルト	cobalt(II) sulfide
CO$_2$	二酸化炭素	carbon dioxide
Cu	銅	copper
[Cu(NH$_3$)$_4$]$^{2+}$	テトラアンミン銅(II)イオン	tetraamminecopper(II) ion
Cu(NO$_3$)$_2$	硝酸銅(II)	copper(II) nitrate
Cu(OH)$_2$	水酸化銅(II)	copper(II) hydroxide, cupric hydroxide
CuS	硫化銅(II)	copper(II) sulfide, cupric sulfide
EDTA	エチレンジアミン四酢酸	ethylenediaminetetraacetic acid
Fe^{2+}	鉄(II)イオン	ferrous ion
Fe^{3+}	鉄(III)イオン	ferric ion

$FeCl_4^-$	テトラクロロ鉄(III)酸イオン	tetrachloroferrate(III) ion
Fe_2O_3	酸化鉄(III)	iron(III) oxide (hematite)
$Fe(OH)_3$	水酸化鉄(III)	iron(III) hydroxide, ferric hydroxide

（この化学式の化合物は確認されていない。より厳密に表現すると $Fe_2O_3 \cdot nH_2O$ でその名称は水和酸化鉄(III)である。hydrous iron oxide）

$FeSO_4(NH_4)_2SO_4 \cdot 6H_2O$	硫酸鉄(II)アンモニウム六水和物	ammonium iron(II) sulfate hexahyrate
H_2	水素	hydrogen molecule
$HCOOH$	ギ酸	formic acid
HNO_3	硝酸	nitric acid
H_2O_2	過酸化水素	hydrogen peroxide
H_3PO_4	リン酸	phosphoric acid
H_2S	硫化水素	hydrogen sulfide
H_2SO_4	硫酸	sulfuric acid
Hg_2Cl_2	塩化第一水銀 （塩化水銀(I)）	mercury(I) chloride
HgS	硫化水銀(II)	mercury(II) sulfide (cinnabar)
KCl	塩化カリウム	potassium chloride
K_2CrO_4	クロム酸カリウム	potassium chromate
$K_2Cr_2O_7$	二クロム酸カリウム	potassium dichromate
KIO_3	ヨウ素酸カリウム	potassium iodate
$KMnO_4$	過マンガン酸カリウム	potassium permanganate
KOH	水酸化カリウム	potassium hydroxide
$NaCl$	塩化ナトリウム	sodium chloride
$Na_2C_2O_4$	シュウ酸ナトリウム	sodium oxalate
$Na_2S_2O_3$	チオ硫酸ナトリウム	sodium thiosulfate
NH_3	アンモニア	ammonia
NH_4Cl	塩化アンモニウム	ammonium chloride
$[Ni(NH_3)_6]^{2+}$	テトラアンミンニッケル(II)イオン	tetraammminenickel(II) ion
$Ni(OH)_2$	水酸化ニッケル(II)	nickel(II) hydroxide
NO	一酸化窒素	nitrogen monooxide

$PbCl_2$	塩化鉛(II)	lead(II) chloride
PbS	硫化鉛	lead(II) sulfide (galena)
S	硫黄	sulfur
SiF_4	四フッ化ケイ素	silicon tetrafluoride
SO_2	二酸化硫黄	sulfur dioxide
Zn	亜鉛	zinc
$[Zn(NH_3)_6]^{2+}$	ヘキサアンミン亜鉛(II)イオン	hexaamminezinc(II) ion
ZnS	硫化亜鉛	zinc sulfide (sphalerite)
	ジエチルエーテル	diethyl ether ($C_2H_5OC_2H_5$)
	ジクロロメタン	dichloromethane (CH_2Cl_2)
	クロロホルム	chloroform ($CHCl_3$)
	酢酸エチル	ethyl acetate ($CH_3COOC_2H_5$)
	ベンゼン	benzene (C_6H_6)

参考文献

- 『定量分析化学（改訂版）』，R. A. デイ Jr, A. L. アンダーウット（鳥居泰男，康智三訳），培風館.
- 『化学実験の基礎』，綿抜邦彦，務台潔，矢野良子，塚田秀行，培風館.
- 『分析化学』，黒田六郎，杉谷嘉則，渋川雅美，裳華房.
- 『キレート滴定法』，上野景平，南江堂.
- 『機器分析入門』，日本分析化学会九州支部編，南江堂.
- 『入門機器分析化学』，庄野利之，脇田久伸編著，三共出版.
- 『新版基礎分析化学演習』，菅原正雄，三共出版.
- 『無機地球化学』，一國雅巳，培風館.
- 『新版定量分析化学』，日本分析化学会北海道支部編.

演習問題の解答例

■第1章

1) $PbCl_2$：$[Pb^{2+}][Cl^-]^2$ $(= 1.6 \times 10^{-5})$　CuS：$[Cu^{2+}][S^{2-}]$ $(= 6 \times 10^{-36})$
   Ag_2S：$[Ag^+]^2[S^{2-}]$ $(= 6 \times 10^{-50})$　Bi_2S_3：$[Bi^{3+}]^2[S^{2-}]^3$ $(= 1 \times 10^{-97})$

2) 塩化物イオンが大過剰になると，いったん生じた AgCl が $[AgCl_2]^-$ の錯イオンを形成して溶解するため。

3) 塩酸を加えて塩化物の沈殿 AgCl と $PbCl_2$ を生成させた後，加熱により $PbCl_2$ のみを溶解し分離する（高温における溶解度の差を利用）。

$$Ag^+ + Cl^- \rightarrow AgCl\downarrow$$
$$Pb^{2+} + 2Cl^- \rightarrow PbCl_2\downarrow \rightarrow (加熱)Pb^{2+} + 2Cl^-$$

4) 各条件でのイオンの濃度の積を求めると，

$$0.1\ mol\ dm^{-3}\ Pb^{2+}:[Pb^{2+}][Cl^-]^2 = 0.1 \times (0.1)^2 = 1 \times 10^{-3}$$
$$0.01\ mol\ dm^{-3}\ Pb^{2+}:[Pb^{2+}][Cl^-]^2 = 0.01 \times (0.1)^2 = 1 \times 10^{-4}$$

25℃の溶解度積（1.6×10^{-5}）と比べて，両方とも大きいので共に $PbCl_2$ の沈殿が生じる。
100℃の溶解度積（4.7×10^{-4}）と比べると，$0.1\ mol\ dm^{-3}$ の場合のみ $PbCl_2$ の沈殿が生じる。よって，$0.01\ mol\ dm^{-3}$ の場合には，25℃で生じた $PbCl_2$ の沈殿が溶解する。

5) $0.2\ mol\ dm^{-3}\ H^+$ 程度の酸性条件にした検液中に H_2S を飽和させると，II 族金属イオンのみ硫化物沈殿を生成する。沈殿をろ過した後，NH_3 水を加えてアルカリ性にすることで，III 族金属イオンが硫化物または水酸化物の沈殿として得られる。

6) 溶液内で PbS は次のような平衡状態にある。

$$PbS \rightarrow Pb^{2+} + S^{2-}$$

酸化剤として HNO_3 を加えると，S^{2-} は S に酸化され，生成した S が固体として析出し，溶液内から出ていく。

$$3S^{2-} + 2NO_3^- + 8H_3O^+ \rightarrow 3S\downarrow + 2NO\uparrow + 12H_2O$$

この反応により S^{2-} が次々に消費されると，溶液内の S^{2-} 濃度が減少するため，上の平衡式ではル・シャトリエの法則に従い，S^{2-} 濃度が増加する右向きの反応が進

む。すなわち PbS の溶解反応が進む。

7) 各条件でのイオンの濃度の積を求める。$[H^+]^2[S^{2-}] = 1 \times 10^{-22}$ より，$[S^{2-}] = 1 \times 10^{-22}/[H^+]^2$ が導かれ，水素イオン濃度から S^{2-} の濃度が求められる。

(a) 酸性条件

HCl 濃度は 0.1 mol dm^{-3} なので，$[S^{2-}] = 1 \times 10^{-22}/(0.1)^2 = 1 \times 10^{-20}$
Ni^{2+} の濃度が 0.01 mol dm^{-3} より，
$[Ni^{2+}][S^{2-}] = 0.01 \times (1 \times 10^{-20}) = 1 \times 10^{-22}$
これは NiS の溶解度積 3×10^{-19} よりも小さいので，Ni^{2+} は沈殿しないで溶液中にイオンとして存在することができる。つまり NiS は沈殿しない。

(b) アルカリ性条件 (pH 9)

H^+ の濃度は 1×10^{-9} となり，$[S^{2-}] = 1 \times 10^{-22}/(1 \times 10^{-9})^2 = 1 \times 10^{-4}$
Ni^{2+} の濃度が 0.01 mol dm^{-3} より，
$[Ni^{2+}][S^{2-}] = 0.01 \times (1 \times 10^{-4}) = 1 \times 10^{-6}$
これは NiS の溶解度積よりもずっと大きく，ほとんどの Ni^{2+} は溶液中にイオンとして存在することができずに，NiS として沈殿する。

8) $Al(OH)_3$ は両性水酸化物と呼ばれる酸にもアルカリにも溶解する化合物である。両性水酸化物をつくる金属イオンでは，$[OH^-]$ が大過剰となると金属酸イオンとなって溶解するため，緩衝溶液を用いて pH を一定に保つ必要がある。NaOH では以下の反応により $Al(OH)_3$ が溶解する。

$$Al(OH)_3 + OH^- \rightleftarrows [Al(OH)_4]^-$$

9) III 族金属イオンは，II 族金属イオンを分離した S^{2-} を含むろ液に NH_3 水を加えてアルカリ性にすることで，Al^{3+} と Cr^{3+} が水酸化物として，他の金属イオンは硫化物として沈殿する。これらの沈殿をいったん硝酸 HNO_3 に溶かした後，濃 NH_3 水と Br_2 水で処理することで，水酸化物($Al(OH)_3$, $Cr(OH)_3$, MnO_2, $Fe(OH)_3$)として沈殿する III A 族（Al^{3+}, Cr^{3+}, Mn^{2+}, Fe^{2+}）とアンミン錯イオン（$[Co(NH_3)_6]^{3+}$, $[Ni(NH_3)_6]^{3+}$, $[Zn(NH_3)_6]^{2+}$）として溶解する III B 族（Co^{3+}, Ni^{2+}, Zn^{2+}）に分離できる。すなわち NH_3 との錯生成反応を利用して分離している。

10) 各条件で生成する可能性のある沈殿について，イオン濃度の積を求める。

(a) この操作で沈殿する可能性があるのは，AgCl のみである。0.1 mol dm^{-3} $AgNO_3$ 検液 1 滴に水 1 cm^3 を加え，さらに 1 mol dm^{-3} HCl 2 滴を加えるの

で，液量は $1.15\ \mathrm{cm^3}$ となる。

$[\mathrm{Ag^+}] = 4.35 \times 10^{-3}\ \mathrm{mol\ dm^{-3}}$，$[\mathrm{Cl^-}] = 8.70 \times 10^{-2}\ \mathrm{mol\ dm^{-3}}$ となり，$[\mathrm{Ag^+}][\mathrm{Cl^-}] = 3.78 \times 10^{-4}$。AgCl の溶解度積 8.2×10^{-11} よりも大きいので，AgCl の沈殿が生成する。

(b) 5% $\mathrm{CH_3CSNH_2}$ 1滴を加えるので，液量は $1.2\ \mathrm{cm^3}$ となる。(a)で $1\ \mathrm{mol\ dm^{-3}}$ HCl 2滴を加えているため，$[\mathrm{H^+}] = 8.33 \times 10^{-2}\ \mathrm{mol\ dm^{-3}}$ となる。この高い $[\mathrm{H^+}]$ 条件では $\mathrm{Al(OH)_3}$ および $\mathrm{Ca(OH)_2}$ の沈殿は生成しないことから，CuS と FeS の硫化物の沈殿生成の可能性について検討する。

$[\mathrm{Cu^{2+}}] = [\mathrm{Fe^{2+}}] = 4.17 \times 10^{-3}\ \mathrm{mol\ dm^{-3}}$，$[\mathrm{S^{2-}}] = 1 \times 10^{-22}/[\mathrm{H^+}]^2 = 1.44 \times 10^{-20}\ \mathrm{mol\ dm^{-3}}$ となり，$[\mathrm{Cu^{2+}}][\mathrm{S^{2-}}] = [\mathrm{Fe^{2+}}][\mathrm{S^{2-}}] = 6.00 \times 10^{-23}$。CuS の溶解度積 6.0×10^{-36} よりも大きいので，CuS の沈殿は生成するが，FeS の溶解度積 6.0×10^{-18} よりも小さいので，FeS の沈殿は生成しない。

(c) $4\ \mathrm{mol\ dm^{-3}}$ $\mathrm{NH_3}$ 3滴を加えるので，液量は $1.35\ \mathrm{cm^3}$ となる。また pH 9 の $\mathrm{NH_3}$-$\mathrm{NH_4Cl}$ 緩衝溶液であることから，$[\mathrm{H^+}] = 1 \times 10^{-9}\ \mathrm{mol\ dm^{-3}}$ となる。FeS の沈殿生成の可能性について検討する。$[\mathrm{Fe^{2+}}] = 3.70 \times 10^{-3}\ \mathrm{mol\ dm^{-3}}$，$[\mathrm{S^{2-}}] = 1 \times 10^{-22}/[\mathrm{H^+}]^2 = 1.00 \times 10^{-4}\ \mathrm{mol\ dm^{-3}}$ となり，$[\mathrm{Fe^{2+}}][\mathrm{S^{2-}}] = 3.70 \times 10^{-7}$。FeS の溶解度積 6.00×10^{-18} よりも大きいので，FeS の沈殿が生成する。

$\mathrm{Al(OH)_3}$ および $\mathrm{Ca(OH)_2}$ の沈殿生成の可能性について検討する。$[\mathrm{Al^{3+}}] = [\mathrm{Ca^{2+}}] = 3.70 \times 10^{-3}\ \mathrm{mol\ dm^{-3}}$，$[\mathrm{OH^-}] = 1 \times 10^{-14}/[\mathrm{H^+}] = 1 \times 10^{-5}\ \mathrm{mol\ dm^{-3}}$ となり，$[\mathrm{Al^{3+}}][\mathrm{OH^-}]^3 = 3.70 \times 10^{-18}$。$\mathrm{Al(OH)_3}$ の溶解度積 2.00×10^{-32} よりも大きいので，$\mathrm{Al(OH)_3}$ の沈殿が生成する。また，$[\mathrm{Ca^{2+}}][\mathrm{OH^-}]^2 = 3.70 \times 10^{-13}$。$\mathrm{Ca(OH)_2}$ の溶解度積 5.50×10^{-6} よりも小さいので，$\mathrm{Ca(OH)_2}$ の沈殿は生成しない。

■第2章

1）［解答例］

$\mathrm{FeCl_3}$ 溶液にアンモニア水を添加し、$\mathrm{Fe(OH)_3}$ を沈殿させる。

$\mathrm{FeCl_3} + 3\mathrm{NH_3} + 3\mathrm{H_2O} \rightarrow \mathrm{Fe(OH)_3}\downarrow + 3\mathrm{NH_4} + 3\mathrm{Cl^-}$

$\mathrm{Fe(OH)_3}$ を定量ろ紙でろ取し、磁性るつぼに移して灰化する。（灰化：加熱してろ紙を灰にする）そして恒量になるまで加熱する。その時の鉄は $\mathrm{Fe_2O_3}$ となる（恒

量形)。

$$Fe(OH)_3 \rightarrow Fe_2O_3$$

Fe_2O_3 の組成量は $55.8 \times 2 + 16.0 \times 3 = 159.6 (g)$ 　Fe_2O_3 が 159.6 mg であるので、これは 10^{-3} モルである。従って、$FeCl_3$ 溶液 5 cm^3 中に Fe としては 2×10^{-3} モルである。

1 dm^3 中（1 リットル中）では、$2 \times 10^{-3} \times 200 = 4 \times 10^{-1}$ mol dm^{-3}

2) [解答例]

JIS K 8005 は 11 品目の容量分析用標準物質を定めている。それらは、安定な固体で天秤を用いてその質量を正確に測定できるもの。容量分析において、一次標準溶液となる。

■第 3 章

1)(a) 塩酸は完全解離しているので $[H^+] = 2.0 \times 10^{-2}$ M

　　pH $= -\log[H^+] = 1.70$

(b) 水酸化ナトリウム溶液中の OH$^-$ 濃度は $[OH^-] = 5.0 \times 10^{-2}$ M である。

　　$K_w = [H^+][OH^-]$ より $-\log K_w = -\log[H^+] - \log[OH^-]$

　　よって $14.00 = pH - \log(5.0 \times 10^{-2})$

　　pH $= 14.00 + \log(5.0 \times 10^{-2}) = 14.00 - 1.30 = 12.70$

(c) 混合溶液中の H$^+$ 濃度は $[H^+] = (1.0 \times 10^{-2} \times 3.0 - 1.0 \times 10^{-2} \times 2.0)/5.0$

　　　　　$= 2.0 \times 10^{-3}$ M

　よって pH は，pH $= -\log(2.0 \times 10^{-3}) = 2.70$

2) 溶液中の HOAc の濃度は $0.1 \times 10 = 1.0$ mmol

　　　OAc$^-$ の濃度は　$0.1 \times 30 = 3.0$ mmol

　よって　　　　pH $= -\log K_a + \log[OAc^-]/[HAOc]$

　　　　　　　$= 4.76 + \log(3.0/1.0) = 4.76 + 0.48 = 5.23$

3) 反応は次の式の通りである。

$$Fe^{2+} + Ce^{4+} \longleftrightarrow Fe^{3+} + Ce^{3+}$$

それぞれの酸化還元反応のネルンスト式を考えると

$E_{Fe^{3+}/Fe^{2+}} = 0.771 + 0.059 \log [Fe^{3+}]/[Fe^{2+}]$

$E^\circ_{Ce^{4+}/Ce^{3+}} = 1.61 + 0.059 \log [Ce^{4+}]/[Ce^{3+}]$

となる。等量点では $[Fe^{2+}] = [Ce^{4+}]$，$[Fe^{3+}] = [Ce^{3+}]$ となるので上記の式

を足し合わせると

$2E = 2.38 + 0.059 \log \{[Fe^{3+}][Ce^{4+}]\}/\{[Fe^{2+}][Ce^{3+}]\}$

対数項は 0 なので $E = 1.19$ V

4) シュウ酸イオンと過マンガン酸カリウムの反応は

$2 MnO_4^- + 5 H_2C_2O_4 + 6 H^+ \longleftrightarrow 2 Mn^{2+} + 10 CO_2 + 8 H_2O$ である

この式より過マンガン酸イオンは 5 等量,シュウ酸イオンは 2 等量で反応するので,試料溶液中のシュウ酸イオンの濃度は

$C_{C_2O_4^-} = 0.01 \times 12 \times 5/(2 \times 20) = 0.0150$ M

5) 溶液中の未反応の Cl^- イオンの量は

$(0.100 \times 50.0 - 0.100 \times 49.9)/99.9 = 1.00 \times 10^{-4}$ M

この濃度は比較的低いので,塩化銀の沈殿から溶解する塩化物イオン濃度を考慮する必用がある。沈殿から溶解する塩化物イオン濃度を X とすると

$K_{sp} = [Ag^+][Cl^-] = X(X + 1.00 \times 10^{-4}) = 1.8 \times 10^{-10}$

よって $1.00 \times 10^{-4} X = 1.8 \times 10^{-10}$ ゆえに $X = 1.80 \times 10^{-6}$ となり

塩化物イオン濃度は $(X + 1.00 \times 10^{-4})$ から 10.2×10^{-5} M となる。また銀イオンの濃度は 1.80×10^{-6} M となる。

6) 等量点では $[Ag^+] = [Cl^-]$ なので溶解度積より

$[Ag^+] = \sqrt{(1.80 \times 10^{-10})} = 1.34 \times 10^{-5}$ M

等量点でクロム酸銀を沈殿させるには

$[Ag^+]^2[CrO_4^{2-}] = 1.10 \times 10^{-12}$ となるので

$[CrO_4^{2-}] = 1.10 \times 10^{-12}/(1.34 \times 10^{-5})^2 = 6.13 \times 10^{-3}$ M

7) Y^{4-} の分率は

$1/a_4$

$= 1 + [H^+]/K_{a4} + [H^+]^2/K_{a3}K_{a4} + [H^+]^3/K_{a2}K_{a3}K_{a4} + [H^+]^4/K_{a1}K_{a2}K_{a3}K_{a4}$

pH = 6 のとき

$1/a_4 = 1 + [1.0 \times 10^{-6}]/(5.5 \times 10^{-11}) + [1.0 \times 10^{-6}]^2/(5.5 \times 10^{-11})(6.9 \times 10^{-7}) + [1.0 \times 10^{-6}]^3/(5.5 \times 10^{-11})(6.9 \times 10^{-7})(2.2 \times 10^{-3}) + [1.0 \times 10^{-6}]^4/(5.5 \times 10^{-11})(6.9 \times 10^{-7})(2.2 \times 10^{-3})(1.0 \times 10^{-2})$

$= 4.45 \times 10^4$

よって,$a_4 = 2.24 \times 10^{-5}$

pH = 8 のとき $1/a_4 = 185$

よって，$a_4 = 5.41 \times 10^{-3}$

pH = 10 のとき $1/a_4 = 2.81$

よって，$a_4 = 0.36$

pH = 12 のとき $1/a_4 = 1.02$

よって，$a_4 = 0.98$

8) 条件付生成定数は $K_f{'} = a_4 K_f$ なので

pH = 6 のとき $K_f{'} = 2.24 \times 10^{-5} \times 6.76 \times 10^8 = 1.51 \times 10^4$

pH = 8 のとき $K_f{'} = 5.41 \times 10^{-3} \times 6.76 \times 10^8 = 3.65 \times 10^6$

pH = 10 のとき $K_f{'} = 0.36 \times 6.76 \times 10^8 = 2.43 \times 10^8$

pH = 12 のとき $K_f{'} = 0.98 \times 6.76 \times 10^8 = 6.62 \times 10^8$

■第 4 章

1) ［解答例］

Q=｜(疑わしい値)−(最近接値)｜/(範囲)=｜0.380 − 0.400｜/｜0.412−0.380｜=0.625

Q=0.625＞0.570 であるので 0.380 を 95 % の確率水準で棄却すべき。

2) ［解答例］

(1)の 7 つのデータから0.380を除いた6つのデータの平均値を求める。

A=(0.403 + 0.410 + 0.401 + 0.400 + 0.412 + 0.411)/6 = 0.406

次に不偏分散Vを計算する。

$(0.403-0.406)^2 = 9 \times 10^{-6}$

$(0.410-0.406)^2 = 16 \times 10^{-6}$

$(0.401-0.406)^2 = 25 \times 10^{-6}$

$(0.400-0.406)^2 = 36 \times 10^{-6}$

$(0.412-0.406)^2 = 36 \times 10^{-6}$

$(0.411-0.406)^2 = 25 \times 10^{-6}$

$\Sigma (xi - A)^2 = (9 + 16 + 25 + 36 + 36 + 25) \times 10^{-6} = 147 \times 10^{-6}$

$V = \{\Sigma (xi - A)^2\} / (n - 1) = 29.4 \times 10^{-6}$

$V^{1/2} = (29.4 \times 10^{-6})^{1/2} = 5.42 \times 10^{-3}$

95%の確率水準での真の値の信頼限界は(表4.4で、n=6であるので係数aの値は1.05)

$\mu = A \pm a \cdot V^{1/2} = 0.406 \pm 1.05 \times 5.42 \times 10^{-3} = 0.406 \pm 0.006$

■第5章

1)［解答例］

　キレート錯体やイオン対を含む水相に水と混じらない有機溶媒を加えてよく振ると、キレート化合物や電荷をもたないイオン対は水相から有機溶媒相へ移行する。分液ロートを用いて水相と有機溶媒相を分離する。

2)［解答例］

　溶媒抽出における抽出率 $Ex = 100\,D/\{D + (V_w/V_{org})\}$

　D：分配比、V_w：水相の体積、V_{org}：有機溶媒相の体積

　分配比が 100 の場合、$Ex = 100 \times 100/\{100 + (1/1)\} = 10000/101 = 99.0\,\%$

　分配比が 0.01 の場合、$Ex = (100 \times 0.01)/\{0.01 + (1/1)\} = 1/1.01 = 0.99\,\%$

3)［解答例］

　まず、試料溶液を陽イオン交換樹脂カラムにのせた時、Li^+ イオン、K^+ イオンともに陽イオン交換樹脂に吸着する（LiR, KR：R はイオン交換樹脂骨格で、Li^+, K^+ がイオン陽交換樹脂に吸着した状態）。しかし、溶離液が希塩酸なので、以下の反応のような脱着反応（H^+ とのイオン交換反応）が起こる。

　$LiR + H^+ \leftrightarrows HR + Li^+$

　$KR + H^+ \leftrightarrows HR + K^+$

　追い出された Li^+, K^+ イオンは下方に移動しながら再び陽イオン交換樹脂に吸着される。

　この吸着、脱着が繰り返されるにつれて Li^+ と K^+ の樹脂に対する吸着性の差が蓄積されカラム内での移動速度に差が生じる。水和イオン半径が小さな K^+ イオンが、水和イオン半径が大きな Li^+ イオンより樹脂に対する吸着性が強い（吸着性は樹脂中の官能基とイオンの中心との距離で決まる）。

＊参考：裸の結晶イオン半径が小さな Li^+ イオンの有効核電荷（単位表面積あたりの電荷）は大きく、結晶イオン半径の大きな K^+ の有効核電荷は小さい。そのために、水和イオン半径は $Li^+ > K^+$ となる。

■第6章

1) それぞれ 0.5 L の 2 つの水溶液を混ぜるので、全体積として 1 L になる。すると、酢酸やアンモニアの濃度が半分の $1.0\,\mathrm{mol\,dm^{-3}}$ と $2.0\,\mathrm{mol\,dm^{-3}}$ になる。

$$CH_3COOH + NH_3 + H_2O \rightleftharpoons CH_3COONH_4 + H_2O$$

	平衡前	1.0	2.0	0
	平衡後	$1.0 - x$	$2.0 - x$	x

$K_{eq} = x/\{(1.0 - x) \cdot (2.0 - x)\} = 5.0 \times 10^4$

$x = 1.0 \text{ mol dm}^{-3}$

つまり，すべての酢酸が反応して，酢酸アンモニウムになったことを示す。

2)(a) まず A と B の初期濃度はそれぞれ 1 mol dm^{-3} とする。A と B は 1:1 で反応するので反応式を次のように書くと

	A	+	B	=	C	+	D
平衡前	1.0		1.0		0		0
平衡後	$1.0 - 0.3$		$1.0 - 0.3$		0.3		0.3

よって，平衡定数 K_{eq} は

$$K_{eq} = \{[C][D]\}/\{[A][B]\}$$

$K_{eq} = 0.18$

(b) A と B は 1:2 で反応するので反応式を次のように書くと

	A	+	2B	=	C	+	D
平衡前	1.0		1.0		0		0
平衡後	$1.0 - 0.4$		$1.0 - 0.8$		0.4		0.4

よって，平衡定数 eq は

$$K_{eq} = \{[C][D]\}/\{[A][B]^2\}$$

$K_{eq} = 6.7$

3) イオン強度 $\mu = 1/2 \{0.05 \cdot (2)^2 + 0.1 \cdot (1)^2\} = 0.15$

$-\log \gamma_{\pm} = 1/2 \cdot (2) \cdot (1) \cdot (0.15)^{1/2} = 0.39$

$\gamma_{\pm} = 0.41$

また，Ca^{2+} イオンの活量係数 $\gamma_{Ca^{2+}}$ は

$-\log \gamma_{Ca^{2+}} = 1/2 \cdot (2)^2 \cdot (0.15)^{1/2}$

$\gamma_{Ca^{2+}} = 0.17$

■第7章

1) E_0 はガラス電極固有の値であるが，しかし，実際には種々の条件で数 mV～10 数 mV 変動する。とくに，電極表面を乾燥させると再び溶液につけても変化する。

したがって，使用する直前にpHのわかった緩衝溶液（pH標準溶液と呼ばれる）を用いて，その時のE_0を決定する必要がある。この操作を校正と呼び，これを怠ると測定誤差の原因となる。

2) 37℃での水のイオン積は $[H^+][OH^-] = 2.5 \times 10^{-14}$

中性では，$[H^+] = [OH^-]$ であるので，$[H^+] = (2.5 \times 10^{-14})^{1/2}$

pH $= -\log[H^+]$ であるので，37℃での中性のpHは $-\log(2.5 \times 10^{-14})^{1/2}$

よって，pH $= 6.80$

3) $CH_3COOH \rightleftharpoons H^+ + CH_3COO^-$

$K = [H^+][CH_3COO^-]/[CH_3COOH] = 1.75 \times 10^{-5}$

H^+濃度をxとすると $x^2/(0.002 - x) = 1.75 \times 10^{-5}$

酢酸は弱酸であるのでxは小さく，無視できる。

$x^2 = 3.5 \times 10^{-8}$ $x = 1.87 \times 10^{-4}$

pH $= -\log[H^+]$ であるので，pH $= -\log(1.87 \times 10^{-4}) = 3.73$

4) 酢酸は弱酸だから，CH_3COONa を水にいれると加水分解する。

$$CH_3COO^- + H_2O = CH_3COOH + OH^-$$

平衡時　　　$0.1-x$　　　　　　x　　　x

$K_{eq} = \{[CH_3COOH][OH^-]\}/[CH_3COO^-]$

$K_{eq} = \{[x]\cdot[x]\}/[0.1-x]$

$\phantom{K_{eq}} = x^2/[0.1-x]$

$K_{eq} = K_b = K_w/K_a = 10^{-14}/1.75 \times 10^{-5} = 5.7 \times 10^{-10}$

Xは小さいので無視できる。したがって$x^2 = 5.71 \times 10^{-10}$

$x = 7.5 \times 10^{-6}$ mol dm^{-3}

pOH $= -\log(7.5 \times 10^{-6}) = 5.12$

pH $= 14 - 5.12 = 8.88$

索　引

あ 行

ICP 質量分析　18
ICP 発光分析　18

アクア錯体　13

イオン強度　98
イオンクロマトグラフィー　23
イオン交換　87
イオン交換樹脂　28, 87
イオン交換水　28
イオン積　3
イオン対抽出　86
一次蒸留水　26
一次標準溶液　25
移動相液体　89

X 線　16
塩　96
塩化物　2

オクタデシル基　89

か 行

解離定数　7, 35, 95
化学電池（ガルバニセル）　51
化学平衡論　94
加水分解　96
活量　97
活量係数　97
ガラス電極　106
ガラス膜電位　106
カロメル電極　108

緩衝能（緩衝容量）　36
緩衝溶液　36

基底状態　14
ギブズ自由エネルギー変化　101
逆相クロマトグラフィー　89
強塩基　96
強酸　96
競争反応　60
強電解質　95
協同効果　86
共通イオン効果　47
共役塩基　34
共役酸　34
キレート錯体　82
キレート試薬　33
キレート滴定　32
銀－塩化銀電極　108
金属指示薬　33

偶然誤差　72
クラウンエーテル　86

蛍光 X 線分析　16
系統誤差　72
結晶水　24

校　正　110
高速液体クロマトグラフィー　89
誤　差　23
固定相液体　89

さ 行

酸・塩基指示薬　32, 56
酸・塩基滴定　32
酸解離平衡　43
酸化還元滴定　32, 50
酸化反応　13
酸化還元反応　12
三次元網目構造　90
参照電極　108
酸性雨　23

自己プロトリシス定数　95
質　量　22
質量作用の法則　95
弱塩基　97
弱　酸　96
弱電解質　95
自由エネルギー　101
終　点　39
重　量　22
重量分析　23
重量モル濃度　97
条件付き安定度定数　60
シラノール基　89
浸透性　90

水酸化物　9
水素電極　107

正確さ　69
正規分布曲線　72
静電相互作用　97
精　度　69
線スペクトル　14
選択係数　87

全有機炭素　29

疎水性結合基　89

た 行

多塩基酸　42
炭酸塩　2
中和滴定　33
超純水　29
沈　殿　1
沈殿指示薬　32
沈殿滴定　32

定性分析　1
定量分析　22
滴　定　24
滴定曲線　38
デバイ－ヒュッケルの式
　98
電位差　107
電解質　95
電気伝導度　29
電気二重層　50
電極電位　50
電子移動反応　50
電子天秤　22
天　秤　22

同　定　2
当量点　39

な 行

難溶性塩　11

二次蒸留水　26

熱力学的交換平衡定数　89
ネルンストの式　52

濃度平衡定数　95

は 行

配位子交換反応　13
白金電極　107
発色試薬　14
反応速度定数　94
半反応　50

光還元反応　13
ヒドロニウムイオン　33
非沸騰蒸留水　26
ビュレット　24
標準水素電極　54
標準物質　25
標準偏差　73
標準溶液　24
秤　量　24

ファヤンス法　49
フェノールフタレイン　41
複合電極　113
物質量　22
ブレンステッドの酸・塩基
　34
プロトン　33
分子ふるいクロマトグラ
フィー　90
分族試薬　1
分　銅　22
分配クロマトグラフィー
　89
分配係数　81
分配比　81
分　離　1
分離分析　89

平均活量係数　98
平均値　76
平衡状態　94
平衡定数　94

変動係数　74

飽和溶液　11

ま 行

水のイオン積　34
水の硬度　65
水の自己プロトリシス　34
水の精製法　26

メチルオレンジ　41

モール法　49

や 行

有機溶媒　82
有効塩素（量）　58
有効数字　23
誘導結合プラズマ　18

溶解度　3, 46
溶解度積　3, 46
溶媒抽出　80
溶離液　88
容量分析　24

ら 行

ルイス塩基　85
硫化物　2

励起状態　14

英和索引

A
accidental error　偶然誤差　72
accuracy　正確さ　69
acid dissociation equilibrium　酸解離平衡　43
acid rain, acid deposition　酸性雨　23
acid-base indicator　酸・塩基指示薬　32, 56
acid-base titration　酸・塩基滴定　32
activity coefficient　活量係数　97
activity　活量　97
amount of substance　物質量　22
aqua complex　アクア錯体　13
autoprotolysis constant　自己プロトリシス定数　95
available chlorine　有効塩素（量）　58
average　平均値　76

B
balance　天秤　22
Brønsted acid-base　ブレンステッドの酸・塩基　34
buffer capacity　緩衝能（緩衝容量）　36
buffer solution　緩衝溶液　36
buret　ビュレット　24

C
calibration　校正　110
calomel electrode　カロメル電極　108
carbonate　炭酸塩　2
change in Gibbs' free energy　ギブズ自由エネルギー変化　101
chelate complex　キレート錯体　82
chelating reagent　キレート試薬　33
chelatometric titration　キレート滴定　32
chemical equilibrium theory　化学平衡論　94
chloride　塩化物　2
coefficient of variation　変動係数　74
color reagent　発色試薬　14
combined electrode, multiple electrode　複合電極　113
common ion effect　共通イオン効果　47
competitive reaction　競争反応　60
concentration equilibrium constant　濃度平衡定数　95
conditional stability constant　条件付き安定度定数　60
conjugate acid　共役酸　34
conjugate base　共役塩基　34
crown ether　クラウンエーテル　86
crystal water, water of crystallization　結晶水　24

D
Debye-Hückel equation　デバイーヒュッケルの式　98
dissociation constant　解離定数　7, 35, 95
distribution ratio　分配比　81

E
electric conductivity　電気伝導度　29
electric double layer　電気二重層　50
electric potential difference　電位差　107
electrode potential　電極電位　50
electrolyte　電解質　95
electron transfer reaction　電子移動反応　50
electronical balance, electronic force balance　電子天秤　22
electrostatic interaction　静電相互作用　97
eluent　溶離液　88

end point 終点 39
equilibrium constant 平衡定数 94
equilibrium state 平衡状態 94
equivalent point 当量点 39
error 誤差 23
excited state 励起状態 14

F
Fajan's method ファヤンス法 49
fluorescent X-ray analysis 蛍光X線分析 16
free energy 自由エネルギー 101

G
galvanic cell 化学電池（ガルバニセル） 51
glass electrode ガラス電極 106
glass membrane potential ガラス膜電位 106
gravimetry 重量分析 23
ground state 基底状態 14
group reagent 分族試薬 1

H
half reaction 半反応 50
hardness of water 水の硬度 65
high-performance liquid chromatography 高速液体クロマトグラフィー 89
hydrogen electrode 水素電極 107
hydrolysis 加水分解 96
hydronium ion ヒドロニウムイオン 33
hydrophobic group 疎水性結合基 89
hydroxide 水酸化物 9

I
ICP emission analysis ICP発光分析 18
ICP mass spectrometric analysis ICP質量分析 18
identification 同定 2
ignificant figures 有効数字 23

inductively coupled plasma（ICP） 誘導結合プラズマ 18
insoluble salt 難溶性塩 11
ion chromatography イオンクロマトグラフィー 23
ion exchange resin イオン交換樹脂 28, 87
ion exchange イオン交換 87
ionic exchange water イオン交換水 29
ionic product of water 水のイオン積 34
ionic product イオン積 3
ionic strength イオン強度 98
ion-pair extraction イオン対抽出 86

L
law of mass action 質量作用の法則 95
Lewis base ルイス塩基 85
ligand exchange reaction 配位子交換反応 13
line spectrum 線スペクトル 14

M
mass 質量 22
mean activity coefficient 平均活量係数 98
metal indicator 金属指示薬 33
methyl orange メチルオレンジ 41
mobile liquid phase 移動相液体 89
Mohr's method モール法 49
molality 重量モル濃度 97
molecular sieve chromatography 分子ふるいクロマトグラフィー 90

N
Nernst equation ネルンストの式 52
neutralization titration 中和滴定 33
nonboiling distilled water 非沸騰蒸留水 26
normal distribution curve 正規分布曲線 72

索 引 **137**

O

octadecyl group　オクタデシル基　89
organic solvent　有機溶媒　82
oxidation reaction　酸化反応　13
oxidation reduction reaction　酸化還元反応　12
oxidation-reduction titration, redox titration　酸化還元滴定　32, 50

P

partition chromatography　分配クロマトグラフィー　89
partition coefficient, distribution coefficient　分配係数　81
permeability　浸透性　90
phenolphthalein　フェノールフタレイン　41
photoreduction reaction　光還元反応　13
platinum electrode　白金電極　107
polybasic acid　多塩基酸　42
precipitation indicator　沈殿指示薬　32
precipitation titration　沈殿滴定　32
precipitation　沈殿　1
precision　精度　69
primary distilled water　一次蒸留水　26
primary standard solution　一次標準溶液　25
proton　プロトン　33

Q

qualitative analysis　定性分析　1
quantitative analysis　定量分析　22

R

reaction rate constant　反応速度定数　94
reference electrode　参照電極　108
reversed phase chromatography　逆相クロマトグラフィー　89

S

salt　塩　96
saturated solution　飽和溶液　11
secondary distilled water　二次蒸留水　26
selectivity coefficient　選択係数　87
self-protolysis of water　水の自己プロトリシス　34
separation analysis　分離分析　89
separation　分離　1
silanol group　シラノール基　89
silver-silver chloride electrode　銀－塩化銀電極　108
solubility product　溶解度積　3, 46
solubility　溶解度　3, 46
solvent extraction　溶媒抽出　80
standard deviation　標準偏差　73
standard hydrogen electrode　標準水素電極　54
standard solution　標準溶液　24
standard substance, standard material　標準物質　25
stationary solid phase　固定相液体　89
strong acid　強酸　96
strong base　強塩基　96
strong electrolyte　強電解質　95
sulfide　硫化物　2
synergistic effect　協同効果　86
systematic error　系統誤差　72

T

thermodynamic exchange equilibrium constant　熱力学的交換平衡定数　89
three-dimentional network　三次元網目構造　90
titration curve　滴定曲線　38
titration　滴定　24
total organic carbon　全有機炭素　29

U

ultrapure water　超純水　29

V

volumetric analysis　容量分析　24

W

water purification method　水の精製法　26
weak acid　弱酸　96
weak base　弱塩基　97
weak electrolyte　弱電解質　95
weighing　秤量　24
weight　重量　22
weight　分銅　22

X

X-ray　X線　16

執筆者

脇田久伸（福岡大学名誉教授）（編著）
横山拓史（九州大学名誉教授）
　　　　（編著，第2章，第4章，第5章，第6章）
岡上吉広（九州大学大学院理学研究院・講師）（第1章）
神崎　亮（鹿児島大学大学院理工学研究科・准教授）（第7章）
栗崎　敏（福岡大学理学部・准教授）（第3章）
沼子千弥（千葉大学大学院理学研究科・准教授）（第1章）
白　淑琴（九州大学大学院理学研究院・内蒙古大学環境与資源学院・講師）（コラム）

コンパクト分析化学

2013年3月20日　初版第1刷発行
2021年11月10日　初版第3刷発行

　　　　　　　　　　　　　　Ⓒ　編著者　脇　田　久　伸
　　　　　　　　　　　　　　　　　　　　横　山　拓　史
　　　　　　　　　　　　　　　　発行者　秀　島　　　功
　　　　　　　　　　　　　　　　印刷者　萬　上　孝　平

発行所　三共出版株式会社　東京都千代田区神田神保町3の2
　　　　　　　　　　　　　　振替 00110-9-1065
郵便番号 101-0051　電話 03(3264)5711(代)　FAX 03(3265)5149
一般社団法人 日本書籍出版協会・一般社団法人 自然科学書協会・工学書協会 会員

Printed in Japan　　　　　　　　　　　印刷・製本　恵友印刷
　　　　　　ISBN 978-4-7827-0584-1

JCOPY 〈(一社)出版者著作権管理機構 委託出版物〉

本書の無断複写は著作権法上での例外を除き禁じられています。複写される場合は，そのつど事前に，(一社)出版者著作権管理機構（電話 03-5244-5088, FAX03-5244-5089, e-mail : info@jcopy.or.jp）の許諾を得てください。

元素の

	1族	2族	3族	4族	5族	6族	7族	8族	9族
1	1 **H** 水素 Hydrogen 1.00784〜1.00811								
2	3 **Li** リチウム Lithium 6.938〜6.997	4 **Be** ベリリウム Beryllium 9.0121831							
3	11 **Na** ナトリウム Sodium 22.98976928	12 **Mg** マグネシウム Magnesium 24.304〜22.307							
4	19 **K** カリウム Potassium 39.0983	20 **Ca** カルシウム Calcium 40.078	21 **Sc** スカンジウム Scandium 44.955908	22 **Ti** チタン Titanium 47.867	23 **V** バナジウム Vanadium 50.9415	24 **Cr** クロム Chromium 51.9961	25 **Mn** マンガン Manganese 54.938043	26 **Fe** 鉄 Iron 55.845	27 **Co** コバルト Cobalt 58.933194
5	37 **Rb** ルビジウム Rubidium 85.4678	38 **Sr** ストロンチウム Strontium 87.62	39 **Y** イットリウム Yttrium 88.90585	40 **Zr** ジルコニウム Zirconium 91.224	41 **Nb** ニオブ Niobium 92.90637	42 **Mo** モリブデン Molybdenum 95.95	43 **Tc** テクネチウム Technetium 99	44 **Ru** ルテニウム Ruthenium 101.07	45 **Rh** ロジウム Rhodium 102.90549
6	55 **Cs** セシウム Caesium 132.90545196	56 **Ba** バリウム Barium 137.327	57-71 ランタノイド Lantanoid	72 **Hf** ハフニウム Hafnium 178.486	73 **Ta** タンタル Tantalum 180.94788	74 **W** タングステン Tungsten 183.84	75 **Re** レニウム Rhenium 186.207	76 **Os** オスミウム Osmium 190.23	77 **Ir** イリジウム Iridium 192.217
7	87 **Fr** フランシウム Francium 223	88 **Ra** ラジウム Radium 226	89-103 アクチノイド Actinoid	104 **Rf** ラザホージウム Ratherfordium 267	105 **Db** ドブニウム Dubnium 268	106 **Sg** シーボーギウム Seaborgium 271	107 **Bh** ボーリウム Bohrium 272	108 **Hs** ハッシウム Hassium 277	109 **Mt** マイトネリウム Meitonerium 276

原子番号 — 6 **C** — 元素記号
炭素 — 日本語の元素名
Carbon — 英語の元素名
原子量（原子量の範囲）— 12.0096〜12.0116

57-71 ランタノイド	57 **La** ランタン Lanthanum 138.90547	58 **Ce** セリウム Cerium 140.116	59 **Pr** プラセオジム Praseodymium 140.90766	60 **Nd** ネオジム Neodymium 144.242	61 **Pm** プロメチウム Promethium 145	62 **Sm** サマリウム Samarium 150.36
89-103 アクチノイド	89 **Ac** アクチニウム Actinium 227	90 **Th** トリウム Thorium 232.0377	91 **Pa** プロトアクチニウム Protactinium 231.03588	92 **U** ウラン Uranium 238.02891	93 **Np** ネプツニウム Neptunium 237	94 **Pu** プルトニウム Plutonium 239

この周期表の原子量は2021年のものである。原子量は単一の数値または変動範囲で示されている。原子量が範囲で示されて